Bergmann – Wie funktioniert ein Vogel?

Hans-Heiner Bergmann

Das will ich wissen!

Wie funktioniert ein Vogel?

Quelle & Meyer Verlag Wiebelsheim

Prof. Dr. Hans-Heiner Bergmann
Landstrasse 44
D-34454 Bad Arolsen

Bibliografische Information der Deutschen Nationalbibliothek
Die Deutsche Nationalbibliothek verzeichnet diese Publikation in der Deutschen Nationalbibliografie; detaillierte bibliografische Daten sind im Internet über http://dnb.d-nb.de abrufbar.

www.quelle-meyer.de

Umschlagabbildungen: vorne: Adobe Stock/JuergenL (o.); Bergmann, H.-H. (u.); hinten: Schweiger, H.; Hintergrundbild: Pixabay/kordi_vahle

Druck und Verarbeitung: Print Consult GmbH, München
Printed in Europe/Imprimé en Europe

ISBN : 978-3-494-01937-6

Inhalt

Wieso Vögel?

Vögel sind attraktiv. Immer mehr Menschen finden sie interessant und üben sich darin, sie draußen zu bestimmen und zu beobachten. Das kann man mit größerem Erfolg und größerem Vergnügen tun, wenn man sie besser kennt. Dieses Buch vermittelt die Kenntnisse und Anregungen, die man beim Beobachten der Vögel nutzen kann, um ihr Aussehen und ihr Verhalten zu verstehen.

Das Funktionieren: Was ist damit gemeint?

Wie funktioniert ein Vogel? Hinter dieser Frage verbirgt sich Verschiedenes. Der Verhaltensforscher Niko Tinbergen hat dazu einmal vier „Warum"-Fragen formuliert, die keineswegs nur für Verhaltensweisen gelten, sondern für alle Eigenschaften eines lebenden Wesens:

Warum 1 Die Herkunft: Woher stammt die Eigenschaft in der stammesgeschichtlichen Entwicklung?

Warum 2 Die Entwicklung: Wie bildet sie sich in der Entwicklung des Individuums aus?

Warum 3 Die Verursachung: Durch welche Mechanismen werden Verhalten und Merkmale aktuell gesteuert?

Warum 4 Die Bedeutung: Welche biologische Bedeutung hat die Eigenschaft für das Individuum und seine Umwelt?

Landläufig versteht man unter dem Funktionieren meistens das Warum Nr. 3: die Frage nach der Steuerung oder den Mechanismen hinter einer Eigenschaft. Beim Verhalten ist damit die Auslösung gemeint. Unter dem Begriff Funktion verbirgt sich häufig die vierte Frage nach der Bedeutung oder den Konsequenzen einer Eigenschaft.

Nur ein Beispiel: das Fliegen des Vogels

- Herkunft: Der Flügel des Vogels stammt von der fünfstrahligen Vorderextremität ab, wie sie die vierfüßigen Wirbeltiere ursprünglich haben und die sie zum Laufen oder Schwimmen benutzen.
- Entwicklung: Der Flügel wächst wie andere Organe während der Jugendentwicklung heran. Das Fliegen reift ebenfalls von selbst, wird aber durch Erfahrung und Üben verbessert.
- Verursachung: Durch geeignete Muskeltätigkeit erzeugt der Vogel im Schlagflug Vortrieb und Auftrieb, sodass er sich in der Luft bewegt. Er kann auch je nach den Außenbedingungen gleiten und segeln, ohne mit den Flügeln zu schlagen. Das Fliegen funktioniert bei den Pinguinen unter Wasser, bei Alken und anderen Flügeltauchern in der Luft und unter Wasser.
- Funktion: Der Flügel mit seiner Leistung des Fliegens dient der schnellen Bewegung des Vogels in der Luft (oder im Wasser), um Nahrung, Partner oder Nachkommen aufzusuchen, zu flüchten oder zu wandern.

Was ist ein Vogel?

Ganz einfach: Ein Vogel ist ein befiedertes Wirbeltier. Es gibt heute kein Federn tragendes Wirbeltier, das nicht ein Vogel wäre. Und es gibt keinen Vogel ohne Federn. Federn sind allerdings nur ein äußeres Merkmal, ein Hautgebilde. Frühe Vogelvorfahren mit Federn gab es bereits im Erdmittelalter, in der späten Jurazeit, vor 190 bis 160 Millionen Jahren. Mit einem Alter von 150 Millionen Jahren sind der berühmte „Urvogel" *Archaeopteryx lithographica* und seine Verwandten schon relativ späte befiederte Erscheinungen, eher Vertreter eines Seitenzweigs als direkt verbindende Glieder zwischen Reptilien und Vögeln.

Dreizehenmöwe: Der Vogel ist ein befiedertes Wirbeltier; die meisten sind flugfähig und verfügen über viele Stimmlaute.

Es waren verschiedene Gruppen von Dinosauriern, die bereits existierten, bevor die Vögel in der Stammesgeschichte auftauchten. Sie waren wahrscheinlich schon gleichwarm, wie es die Vögel auch sind, und trugen einfache Federn auf ihrer Körperoberfläche. Daraus lässt sich auch erschließen, wie die Federn entstanden. Sie sind von Anfang an eher Wärmefedern als Flugfedern gewesen. Der Schaueffekt, der ihnen auch gegeben ist, entstand wahrscheinlich erst nach oder zugleich mit der Funktion des Wärmens. Aber das Fliegen kam erst danach. Die Dinosaurier hatten auch sonst schon eine Menge vogelartiger Merkmale entwickelt. Nicht aus allen Dinosauriergruppen sind Vögel entstanden. Viele sind schon früh ausgestorben, die letzten vor etwa 65 Millionen Jahren, am Ende der Kreide (und damit des Erdmittelalters), in einer großen erdzeitlichen Katastrophe. Als entfernte Verwandte der Vögel haben auch die Krokodile überlebt, die wie die Vögel über ein Herz mit vier Kammern und über Lautäußerungen verfügen.

Archaeopteryx lithographica: Die Rekonstruktion dieses berühmten, 150 Millionen Jahre alten Fossils gibt eine Vorstellung davon, wie sich die Gestalt und das Fliegen der Vögel bei den reptilienartigen Vorfahren der Vögel entwickelt hat (aus Bergmann 1987).

Die entscheidende Umgestaltung bei den Vogelvorfahren trat dann mit dem Fliegen ein. Die Umwandlung des Vorderbeines zum Flügel und die

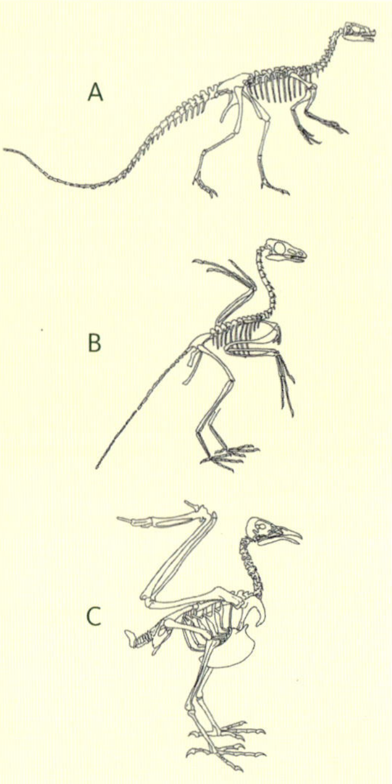

Der prähistorische Vergleich: Skelette von Dinosaurier (A), *Archaeopteryx* (B) und Vogel (C)

Anforderungen des aktiven Fluges brachten für zahllose weitere Merkmale der Vögel Veränderungen mit sich, die sowohl die Gestaltmerkmale als auch das Funktionieren betrafen. Wie sich in der Stammesgeschichte das Fliegen entwickelt hat, ist ein endloser Streitpunkt unter den Forschern gewesen. Entstand es aus dem Gleiten von Baum zu Baum bei kletternden Formen? Oder geht es auf ein Fluglaufen mit befiederten Vorderbeinen zurück? Möglicherweise ist das Fliegen auch mehrfach entstanden und nur die jetzt beobachtbare Form ist übriggeblieben. Der krähengroße Dinosaurier *Microraptor gui*, der vor 115 Millionen Jahren im heutigen China gelebt hat, verfügte über vier befiederte Flügel, zwei an den Armen, zwei an den Beinen. Damit konnte er wohl von einem Baum zum anderen gleiten.

Nach ihren Merkmalen waren aber auch die Dinosaurier streng genommen schon Vögel, oder die Vögel sind moderne Dinosaurier. Aus wissenschaftlicher Sicht gehören sie alle einer Tierklasse an, den Sauropsida. Aber aus praktischen Gründen lässt man die Vögel bis heute als eigene Klasse gelten. Zu ihr gehören heute mehr als 10 300 Arten, vielleicht werden es je nach unserem sich entwickelnden Kenntnisstand auch noch viel mehr werden. Durch ihre Mobilität und ihre Körpertemperatur ist es den Vögeln gelungen, alle Kontinente und Klimazonen zu erobern, selbst die Antarktis. Hierin sind sie anderen Wirbeltieren weit überlegen.

Die Vorschau: Vögel kurz gefasst

Vögel sind befiederte Wirbeltiere, mit mehr als 10 000 Arten in fast allen terrestrischen Lebensräumen vertreten. Gleit- und aktiver Flug mithilfe der lang befiederten Vorderextremitäten, der Schwanz dient dem Steuern. In Anpassung an das Fliegen Pneumatisierung des Skeletts, Schalenbau mit Gewichtsreduktion, Hornschnabel anstatt Gebiss, hoch entwickelter Atmungsapparat mit volumenkonstanter Lunge und dehnbaren Luftsäcken, getrennte Lungen- und Körperkreisläufe, in Gehirn und Sinnesleistungen Stärkung des visuellen und akustischen Systems gegenüber dem olfaktorischen. Wahrnehmung von UV und dem Magnetfeld der Erde. Ausscheidung von Harnsäure mit dem Kot über Kloake. Getrenntgeschlechtlich, ♀ heterogametisch (Geschlechtschromosomen WZ, bei ♂ ZZ), kalkbeschalte dotterreiche Eier entwickeln sich außerhalb des Körpers, Küken sind sowohl als Nesthocker wie auch als Nestflüchter noch eine Zeit lang von elterlicher Betreuung abhängig. Jahresperiodik einschließlich Wanderungen wird teils über innere Uhren gesteuert.

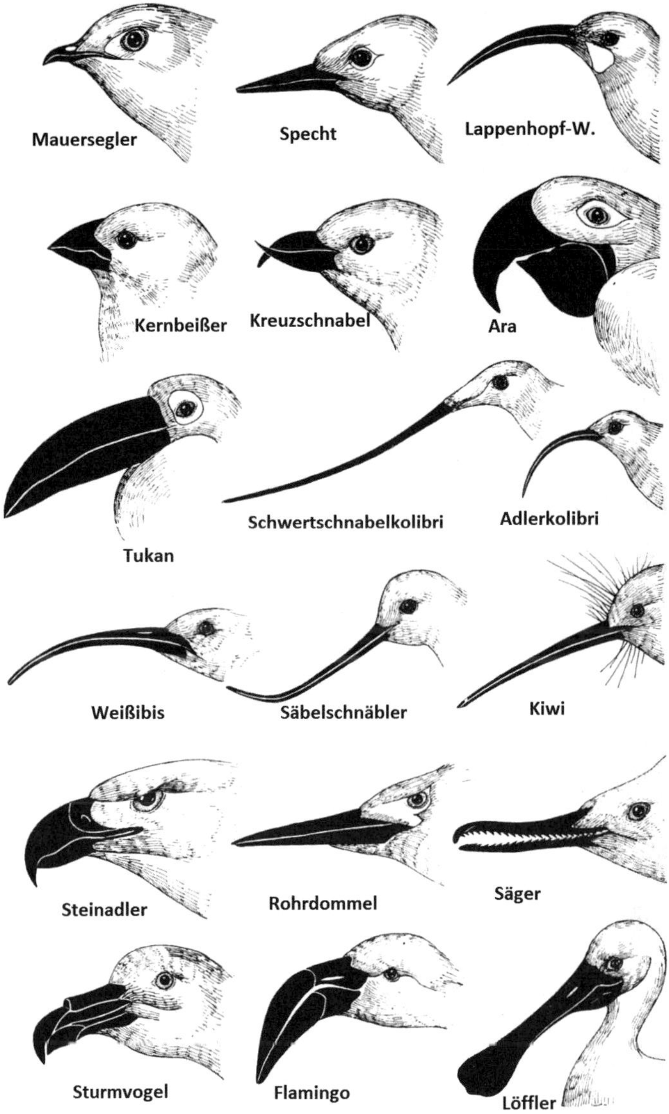

Prinzip und Vielfalt: Vögel zeichnen sich durch einen hornbedeckten Schnabel aus, der an die Ernährungsweise der jeweiligen Art angepasst ist. In der Natur können die Schnäbel verschiedene Farben tragen. W = Weibchen. Aus Ziswiler 1976, verändert.

Viele der Knochen- und Muskelmerkmale eines Vogels kann man mit etwas Aufmerksamkeit bei jedem Hühnchen erkennen, das man auf den Esstisch bekommt. Die Anatomie ist jedoch nur ein kleiner Teil des Vogellebens. Warmblütigkeit, hoher Gehalt an Glukose im Blut, hohe Sauerstoffbindung der Blutzellen, schneller Puls, hoher Blutdruck und viele weitere Besonderheiten dienen der überragenden Leistungsfähigkeit des Vogels. Den lebendigen Vogel in seinem Lebensraum mit seinen Artgenossen wahrzunehmen, vermittelt dem Menschen aber noch ein ganz anderes Bild von der Biologie des Vogels als Anatomie und Physiologie. Dieses Buch will versuchen, mit einfachen Mitteln den Vogel als Ganzes verständlich zu machen.

Die Arten

Wie alle Tiere lassen sich auch die Vögel in Arten aufteilen. Eine Art ist eine Fortpflanzungsgemeinschaft: Männliche und weibliche Angehörige einer Art paaren sich miteinander und bringen fruchtbare Nachkommen hervor. Sie sind gegenüber anderen Arten durch Paarungsschranken isoliert. Diese klassische Betrachtung der Formen wird als das biologische Artkonzept angesehen. Beim phylogenetischen Artkonzept werden vor allem Unterschiede in der DNS (Desoxyribonucleinsäure) für die Definition von Arten und anderen systematischen Einheiten verwendet.

Wie entstehen Arten? Wenn eine Teilpopulation geographisch isoliert wird, kann sie sich weiterentwickeln und an neue Umweltbedingungen

Artbildung: Männliche Wiesenschafstelze *Motacilla flava*, Brutvogel am Dümmer in Südniedersachsen.

Männliche Maskenschafstelze *Motacilla feldegg*, Brutvogel in Südosteuropa, hier auf Lesbos, Griechenland. Galt bis etwa zum Jahr 2000 als Unterart der Schafstelze. Semispezies mit Wiesenschafstelze und anderen.

Porträt der Graugans *Anser anser*

Porträt der Kanadagans *Branta canadensis*

Porträt eines Hybrids zwischen Grau- und Kanadagans. Bei Entenvögeln sind Hybride zwischen Vertretern unterschiedlicher Gattungen möglich.

anpassen, unabhängig von der übrigen Population, mit der sie bisher durch Genfluss verbunden war. Das Kaukasus-Birkhuhn ist im Kaukasus isoliert worden und hat dort lange überlebt. Es hat eigene Ökologie, eigene Gestalt und eigenes Verhalten entwickelt, unabhängig von der großen Hauptpopulation des Birkhuhns in weiten Teilen der Alten Welt. Eine Vermischung der beiden Arten wäre jetzt nicht mehr möglich, wenn sie wieder aufeinandertreffen. Die verschiedenen Gruppen von Schafstelzen lassen sich zwar im Feld und auch nach der DNS gut unterscheiden, können sich aber noch miteinander verpaaren und vermischen. Hier ist noch keine vollständige Artbildung abgelaufen.

Mischlinge zwischen den Arten

Wenn Arten nahe miteinander verwandt sind, kann es in seltenen Fällen bei Kontakt zu zwischenartlichen Verpaarungen kommen. Das geschieht am ehesten dann, wenn nicht genügend arteigene Partner zur Verfügung stehen, beispielsweise am Rand der Verbreitung einer Population. Daraus können Mischlinge als Nachkommen hervorgehen, die aber meist nicht fortpflanzungsfähig sind. Beispiele sind Mischlinge zwischen Graugans und Kanadagans, auch unter verschiedenen weiteren Gänsearten. Es gibt auch Mischlinge zwischen Grau- und Grünspecht sowie zwischen Blut- und Buntspecht, selten zwischen Nachtigall und Sprosser. Italiensperlinge sind wahrscheinlich aus einer Mischung zwischen Haus- und Weidensperlingen hervorgegangen und weisen Gene beider Arten auf. Italiensperlinge mischen sich nach wie vor mit Haussperlingen im gemeinsamen Vorkommen in den Südalpen. Wenn die Artgrenzen nicht streng eingehalten werden, kann man die Beteiligten als Semispezies (Halbarten) ansprechen.

Der Chileflamingo *Phoenicopterus chilensis* ist ein entfernter Verwandter der Lappentaucher.

Der Haubentaucher *Podiceps cristatus* ist ein Lappentaucher und entfernt verwandt mit den Flamingos.

Ungewohnte Verwandtschaft

Verwandtschaft unter Organismen beurteilt man heute nicht mehr nach äußerer Ähnlichkeit, die sehr täuschen kann, sondern letztlich meistens nach Übereinstimmungen in den Sequenzen der DNA im Erbgut. Da in der Stammesgeschichte ursprünglich nah verwandte Formen ganz unterschiedliche Entwicklungsrichtungen eingeschlagen haben, findet man heute überraschende Verwandtschaften unter Formen, die äußerlich gar keine Ähnlichkeit erkennen lassen. Hier einige Beispiele: Lappentaucher und Flamingos sind miteinander verwandt; Nachtschwalben, Segler und Kolibris gehören in eine Verwandtschaftsgruppe; Pinguine und Sturmvögel sind näher miteinander verwandt; Greifvögel und Falken haben nichts miteinander zu tun; die Falken gehören eher in die Nähe der Papageien und Sperlingsvögel. Bei Reiherläufern und Laufhühnchen ist man sich über die nähere Zuordnung noch unsicher. Auch die Stellung der Goldhähnchen innerhalb der Singvögel ist noch unklar. Die Verwandtschaften spiegeln sich auch in den Listen, in denen die Vögel einer Region aufgezählt werden.

Eine Art kann man nicht sehen

Wenn man von einer Wanderung heimkehrt, hat man eine Anzahl von Artnamen in sein Notizbuch geschrieben und zählt sie danach zusammen. Man behauptet dann, man habe dreißig oder vierzig Arten gesehen. Strenggenommen: Arten kann man eigentlich nicht sehen. Arten sind, wie oben beschrieben, abstrakte Einheiten von Populationen. Was man sehen, hören oder sonstwie wahrnehmen kann, sind immer Individuen. Eine Art kann man beschreiben, man kann sie ausrotten oder retten. Eine Art kann aber nicht fliegen oder singen. Sie kann allenfalls durch eine Gruppe von Individuen vertreten sein. Die notierten Arten sind immer nur Kürzel für wahrgenommene Individuen. Das war wohl schon immer jedem klar, der eine Artenliste führt.

Skelett aus leichten Knochen

Hat man ein präpariertes Vogelskelett vor Augen, so ist man zunächst davon überrascht, wie schlank und leicht dieses Spangensystem wirkt, das nicht viel Masse auf die Waage bringt. In der Tat erreicht das Skelett bei einer Taube nur 4,4 % des Körpergewichts, bei einem Haussperling 4,8 %, bei einer Gans immerhin 13,3 %. Zum Vergleich macht es bei einem erwachsenen Menschen etwa 15 % aus, bei anderen Säugetieren bis zu 30 %.

Das Skelett des Vogels muss nicht nur leicht, sondern zugleich stabil sein. Außer den fliegenden Vögeln haben auch Fledermäuse und Flugsaurier diesen Kompromiss geschafft. Bei Vögeln sind die Knochen wenigstens im erwachsenen Zustand hochstabil, so sehr, dass scharfe Splitter entstehen, wenn man sie mit Gewalt zerbricht. Ihre Leichtigkeit hat einen Grund: Viele von ihnen sind ausgehöhlt. Sie sind nicht mit Knochenmark ausgefüllt, wie es bei Säugetieren der Fall ist, sondern sie sind belüftet. Durch einen Porus am Ende zieht sich ein Luftsack in das Innere des Knochens hinein. Der Oberarm, ein Teil der Wirbel, das Brustbein, die Rippen, das Becken und die Oberschenkel, auch die Schädeldecke sind solche pneumatisierten Knochen. Sie sind innen teilweise durch feine Knochenbälkchen stabilisiert. Ihre Hohlräume sind entweder mit der Lunge direkt oder mit weiteren Luftsäcken verbunden. Luftsäcke füllen auch sonst die Zwischenräume zwischen den Organen im Körper aus, sie gehören zum Atemsystem des Vogels (s. S. 89). Sie bringen dem Vogel auch Risiko: Wird ein Luftsack verletzt, etwa durch einen Schrotschuss,

Lachmöwe im Schlichtkleid: Vielen Wasservögeln sieht man ihr leichtes Gewicht an, wenn sie auf dem Wasser schwimmen.

Lachmöwe im Prachtkleid: Noch wichtiger ist das geringe Gewicht für den fliegenden Vogel.

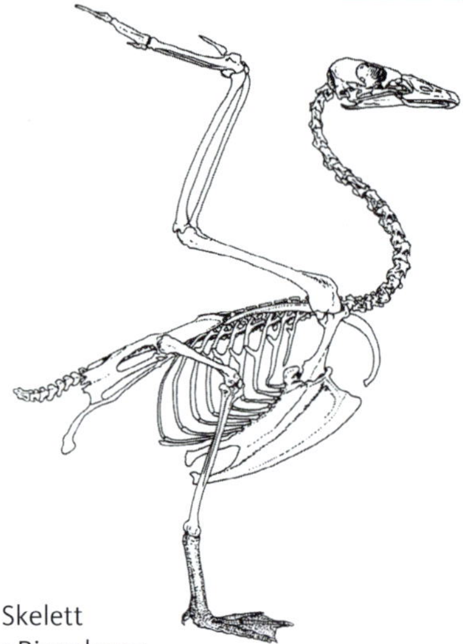

Das Skelett einer Ringelgans stellt sich als zartes Spangensystem dar (aus Bergmann u. a. 1994).

Die äußere Form der Ringelgans wird durch das Federkleid bestimmt.

kann Blut in die Lunge gelangen und der Vogel erstickt. Nur Pinguine und Strauße können mit einem belüfteten Skelett nichts anfangen. Pinguine müssen schwer sein, um besser abtauchen zu können. Entsprechend speichern sie beim Tauchen viel Sauerstoff in der Brustmuskulatur. Ihr Blut enthält zudem mehr rote Blutkörperchen als das der landlebenden Vögel. Strauße aber müssen nicht fliegen und daher auch nicht so sehr auf ihr Gewicht achten.

Der doppelte Schädel

Ein heranwachsender Jungvogel hat eine einheitliche Schädeldecke, die bald keine Knochennähte mehr erkennen lässt. Sie wird aber im Lauf des Wachstums allmählich hohl, so dass zwischen zwei dünnen Knochenschichten nur ein paar stabilisierende Bälkchen erhalten bleiben. Man nennt diese Verdoppelung der Schädelkapsel Diploë (nach griech. diplous – doppelt). Der entstehende Hohlraum ist wieder mit Luft ausgefüllt, was der Isolierung und der Gewichtsverminderung dient. Das Wachstum der zweiten Schädelkapsel vollzieht sich während der Jugendentwicklung des Vogels unter

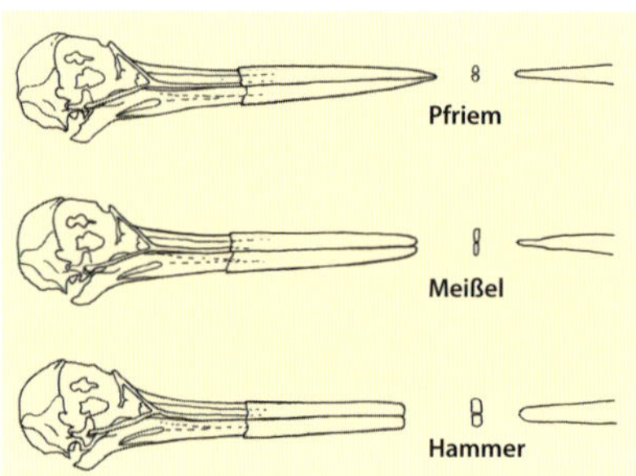

Schnäbel von Austernfischern. Unter der abgeschnittenen Hornabdeckung verbergen sich die Knochen von Ober- und Unterschnabel. Zähne fehlen, es gibt keinen Ansatz für starke Kaumuskulatur. Die aus Horn geformte Schnabelspitze ist an unterschiedliche Nahrungsbearbeitung angepasst (s. Text) (aus Bergmann 1987).

der ersten von hinten nach vorne, wobei sich der verfügbare Raum für das Gehirn verkleinert. Bei Jungvögeln ist die Schädelkapsel noch nicht luftgefüllt und daher durchsichtig. Man sieht durch sie hindurch das rosafarbene Gehirn. Die Diploë dagegen ist durch Lichtreflektion weiß und undurchsichtig.

Der Schnabel des Vogels besteht äußerlich aus einer Hornschicht, die aber auf Knochen aufgelagert ist. Der Vorteil beim Horn: Es ist leicht und anpassungsfähig. Austernfischer haben entweder eine zugespitzt pfriemartige oder eine meißelartige oder eine abgestumpfte Schnabelspitze, je nachdem, ob sie im Boden nach Würmern bohren, ob sie mit dem Meißel in den Spalt der Muschel fahren, oder ob sie sie hammerartig aufschlagen (Abb. S. 14). Wenn der Austernfischer die Nahrung wechselt, ändert sich nach einiger Zeit auch der Schnabel. Wachstum und Abnutzung passen ihn jeweils an die Nahrungssituation an. Das ließ sich auch an fünf in der Zoo-Voliere gehaltenen Tannenhähern feststellen. Ihre Schnäbel waren im Juni bei vielseitiger weicher Ernährung mit Kleintieren und pflanzlicher Kost spitz und lang (4,6 bis 4,9 cm), im Hochwinter waren sie stumpf und maßen nur 4,3 bis 4,6 cm. Zu dieser Zeit ernährten sich die Vögel von Samen der Zirbelkiefern und Nüssen. Vermutlich wurden die Schnäbel durch das Aufhämmern der hartschaligen Nahrung an der Spitze stärker abgenutzt (s. S. 58 ff).

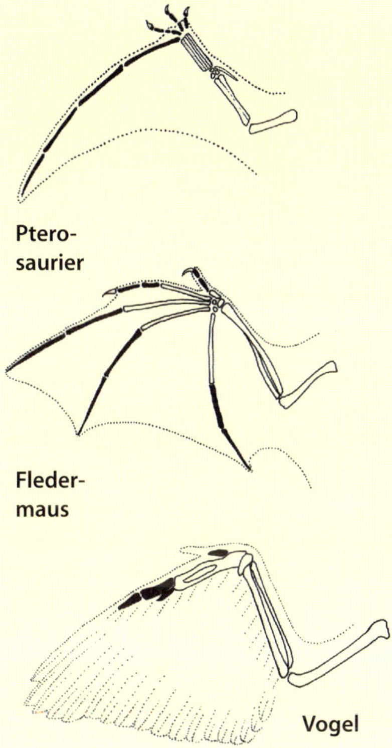

Die fliegenden Wirbeltiere haben ihre Hand- und Armknochen jeweils auf unterschiedliche Weise angepasst. Die Finger sind schwarz abgesetzt (aus Bergmann 1987).

Das Brustbein

Die von der Wirbelsäule ausgehenden Rippen sind in ihrer Mitte in einem Gelenk geknickt, sodass jeweils zwei Teilrippen entstehen: oben die Wirbelrippe und unten die Brustrippe. Die Brustrippen treffen mit ihrem unteren Ende seitlich auf das Brustbein und sind dort mit ihm gelenkig verbunden. Das Brustbein ist eine mächtige Schale, in der ein Teil der Eingeweide ruht: das Herz und der Magen. Vorn setzen an ihr die Rabenschnabelbeine an, die die Verbindung zum Schultergelenk herstellen. Die Schlüsselbeine sind zum Gabelbein, der Furcula, verschmolzen, dessen Gabelstelle bindegewebig oder knöchern mit der vorderen Spitze

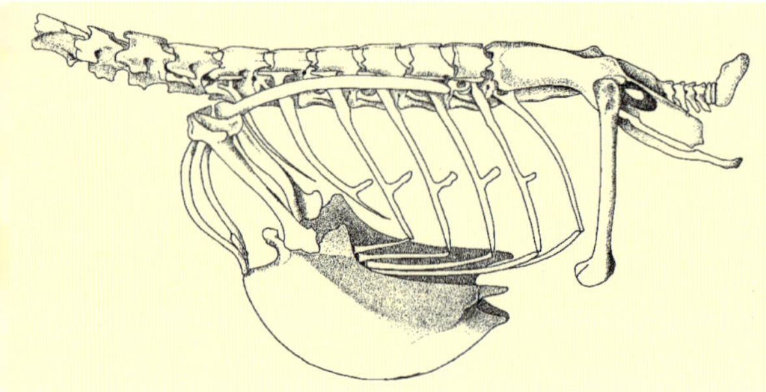

Das Kernskelett eines Graureihers verrät Leichtbau und Stabilität. Die Unterseite wird vom Brustbein beherrscht (aus Bergmann 1987).

Graureiher im Alterskleid

des Brustbeinkamms verbunden ist. Dieser auf der Unterseite des Brustbeins aufragende Brustbeinkamm, die Crista (oder Carina) sterni, stellt nach beiden Seiten hin das Widerlager für die Brustmuskulatur dar, die für den Ab- und Aufschlag beim Aktivflug und auch für die Haltefunktion beim Gleit- und Segelflug verantwortlich ist. Auf beiden Seiten des Brustbeinkamms ist eine längs verlaufende Grenzlinie erkennbar. Hier bildet sich die Grenze zwischen zwei Brustmuskeln ab, dem außen liegenden mächtigen Großen Brustmuskel (Musculus pectoralis major) und dem innen liegenden Kleinen Brustmuskel (Musculus pectoralis minor oder supracoracoideus). Der Große Brustmuskel zieht mit seiner Sehne zur Unterseite des Oberarms und senkt ihn beim Abschlag des Flügels. Der Kleine Brustmuskel zieht mit der Sehne durch das Dreiknochenloch zwischen Rabenschnabelbein, Schulterblatt und Oberarm auf die Oberseite und vermag, wenn er sich kontrahiert, den Oberarm anzuheben und damit den Flügel. Da die beiden Brustmuskeln gegensinnig arbeiten, müssen sie gegeneinander beweglich sein, das heißt: Sie müssen aufeinander gleiten können. Beim Kranich ist die Crista sterni innen ausgehöhlt und bietet Raum für zwei Schlingen der Luftröhre, die wahrscheinlich im Zusammenhang mit den lautstarken Rufen der Vögel stehen (s. S. 89).

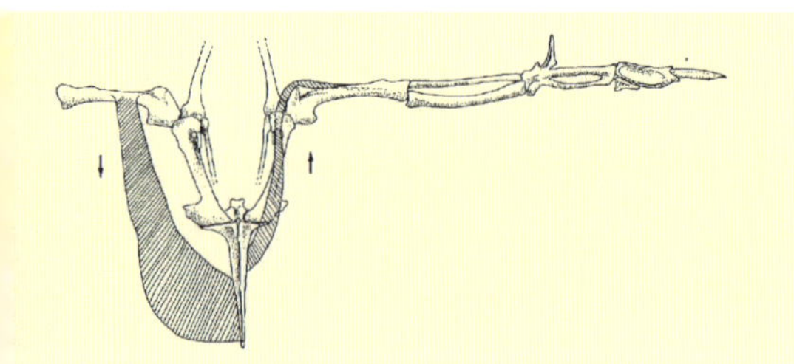

Skelett trägt Muskulatur: Am Brustbeinkamm (unten) sitzt der Große Brustmuskel (links) an, der den Oberarm nach unten zieht, und der Kleine Brustmuskel (rechts), der für den Aufschlag verantwortlich ist.

Die Wirbelsäule

Das weiß man: Die Halswirbelsäule eines Säugetiers besteht durchweg aus sieben Wirbeln. Dies gilt selbst für langhalsige Säugetiere wie die Giraffe. Bei den Vögeln ist es anders. Hier variiert die Zahl der Halswirbel normalerweise um die 14, erreicht aber bei einer Rabenkrähe nur 10, bei einem Flamingo 19 und bei einem Höckerschwan 25. Ein langer Hals hat Vorteile, wenn der Kopf die über dem Schwanz gelegene Bürzeldrüse erreichen muss, er hilft aber dem Schwan auch, im Wasser in der Tiefe grüne Vegetation abzuweiden.

Bei den Brustwirbeln dient das Verwachsen zu einem Notarium der Stabilisierung. Noch mehr Elemente sind im Vogelbecken vereinigt, dem sogenannten Synsacrum: Hier verbinden sich, außer den eigentlichen Knochen des Beckens (Darmbein, Schambein, Sitzbein), zusätzlich 10 bis 23 Wirbel: hintere Brust-, Lenden-, Kreuzbein- und Schwanzwirbel. Dabei entsteht ein Knochengebilde, das es fast mit dem monumentalen Brustbein aufnehmen kann und in den Hüftgelenken den Beinen auf beiden Seiten Halt bietet. Daran schließt sich noch die verbleibende Schwanzwirbelsäule mit dem Pygostyl an, einer aus 6 bis 8 Wirbeln verschmolzenen, senkrecht stehenden Platte, die den 12 Schwanzfedern und der zugehörigen Muskulatur Halt gibt. Die Muskulatur kann den Schwanz heben, senken, spreizen und zusammenlegen, ihn auch schütteln, wenn nötig.

Bein und Fuß

Durch die Verwendung der Vorderbeine für das Fliegen sind die Vorfahren der Vögel zu Zweibeinern geworden. Damit sind Bein und Fuß für das Tragen des Körpers allein verantwortlich. Sie müssen beim Start in den Flug eine Sprungreserve bilden, um den Vogel abzustoßen, sie müssen umgekehrt den landenden Vogel auffangen, sie müssen ihm zweibeiniges Laufen, Hüpfen und Schwimmen gestatten. Sie müssen auch den stehend ruhenden Vogel tragen, gegebenenfalls nur auf einem Bein. Für einen Teil dieser Funktionen ist eine Verlängerung der Knochen notwendig. Der Oberschenkel, der das Bein am Becken (Synsacrum) verankert, ist noch am wenigsten betroffen. Er

Säbelschnäbler: Von dem langen Bein ist nur der Unterteil des Unterschenkels sichtbar, nach dem nach hinten geknickten Intertarsalgelenk folgt der Laufknochen mit den Zehen.

wird meist horizontal nach vorn hin parallel zum Körper gehalten und bildet mit dem Schienbein und dem reduzierten Wadenbein das Kniegelenk, ein meist beinahe rechtwinklig gehaltenes Scharniergelenk nach unten, das beim Absprung gestreckt wird. Oberschenkel und Schienbein/Wadenbein sind meist körpernah im Bauchgefieder verborgen, sodass man das wirkliche Knie des Vogels nicht zu sehen bekommt. Unten heraus ragt dann der untere Teil des Schienbeins, das meist lang gestreckt ist und mit dem ebenfalls verlängerten Mittelfuß ein weiteres Scharniergelenk bildet. Dieses Gelenk hat es aber in sich.

Intertarsalgelenk: kein „Knie nach hinten“

Im üblichen Wirbeltierbein sind es die Fußwurzelknochen, die zwischen dem Schienbein und dem Mittelfuß vermitteln. Schienbein und Mittelfußknochen sind bei Vögeln (und schon bei Reptilien) vereinfacht und lang gestreckt. Da die Fußwurzelknochen (Tarsalia) für die Funktion des Scharniergelenks zwischen ihnen nicht benötigt wurden, sind sie auf das Schienbein und den Mittelfuß aufgeteilt und jeweils mit ihnen verwachsen. Das entstandene Gelenk nennt sich Intertarsalgelenk. Da es durch Verlängerung des Mittelfußes vom Boden abgehoben ist, man andererseits das Kniegelenk im Gefieder nicht sieht, hat man den Eindruck, dass dieses Intertarsalgelenk ein „Knie nach hinten“ darstellt. In Wirklichkeit entspricht es funktionell eher dem Fersengelenk von Mensch und Pferd. Der Vogel steht und läuft demzufolge gar nicht auf dem Mittelfuß, sondern nur noch auf den Zehen.

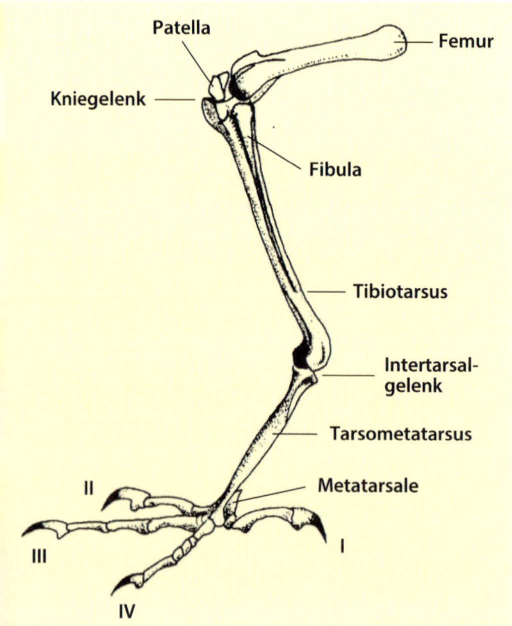

Die Teile des Vogelbeins. Femur = Oberschenkel, Patella = Kniescheibe, Fibula = Wadenbein, Tibiotarsus = Unterschenkelknochen, Tarsometatarsus = Laufknochen, Metatarsale = ein Mittelfußknochen. Römischen Ziffern: Zehen (aus Bergmann 1987)

Ein Vogel hat üblicherweise vier Zehen, eine nach hinten, drei nach vorn. Nicht flugfähige Großvögel wie Nandus, Emus und Kasuare begnügen sich mit drei kurzen Zehen. Spezialisierte Laufvögel, wie Trappen und Sekretäre, haben ebenfalls nur drei

Mäusebussard, Jungvogel. Vom Bein sind nur der gelbe Lauf und die Zehen sichtbar. Man sagt landläufig, dass der Vogel auf dem Baum sitzt, in Wirklichkeit steht er dort.

Zehen. Auch viele weitere laufaktive Vögel wie Regenpfeiferverwandte verzichten auf die Hinterzehe, haben also nur noch drei vordere Zehen. Ein Beispiel ist der Sanderling, der eifrigste Läufer an den Stränden der Welt. Beim Strauß sind nur noch zwei Zehen übriggeblieben, eine kräftige Vorderzehe und eine verkleinerte Außenzehe. Mit dieser Ausstattung und den langen Beinen kann der Vogel eine Dauergeschwindigkeit von 50 km/h, im Extremfall eine Spitzengeschwindigkeit von 90 km/h erreichen. Beim Kasuar ist die Kralle der Innenzehe zu einer dolchartigen Waffe entwickelt.

Warum fällt der ruhende Vogel nicht vom Ast?

Vögel können in tiefem Schlaf auf einem Ast sitzen, ohne dass sich ihre Füße lösen und sie herabfallen. Das beruht auf einem Sperrmechanismus. Nimmt man einen Vogel in die Hand und sorgt dafür, dass sein Bein angezogen wird, so merkt man, dass zugleich auch die Zehen zugreifen. Nur wenn das Bein gestreckt wird, können auch die Zehen wieder loslassen. Wenn der Vogel sich auf einem Ast niederlässt, geschieht das Gleiche. Er beugt dann Knie- und Intertarsalgelenk. Über diese

Die Uferschnepfe steht ruhend auf einem gestreckten Bein und hat das andere ins Bauchgefieder eingezogen.

Gelenke läuft eine Sehne, die beim Beugen angezogen wird und die Zehen zum Klammern bringt. An den Zehen selbst gibt es für die Sehnen Einrastvorrichtungen, die ebenfalls die Zehenstellung fixieren. Langbeinige Vögel wie Flamingos und Reiher ruhen allerdings mit gestreckten Beinen. Bei ihnen rastet das Intertarsalgelenk in eine gestreckte Stellung ein und fixiert das Stehen. Diese Vögel stehen sogar lange Zeit auf einem Bein und ziehen das andere ins Bauchgefieder ein, wobei sie Wärme sparen.

Anatomie der Vögel in Kurzform

- zahlreiche **Knochen** sind hohl und daher besonders leicht
- die **Lungen** sind klein und werden beim Atmen nicht vergrößert und verkleinert; das Aus- und Einatmen findet im Wesentlichen über Luftsäcke statt, die an die Lunge angeschlossen sind
- die **Rippen** sind zweigeteilt und die beiden Teile über ein Scharniergelenk, das Intercostalgelenk, beweglich miteinander verbunden; sie sorgen wie ein Blasebalg für Ein- und Ausatmung der Luftsäcke
- das **Brustbein** ist zu einer breiten und langen Schale ausgewachsen, in der die Organe des Brustraums ruhen; es trägt auf seiner Unterseite einen längs verlaufenden hohen Knochenkamm, an dem zu beiden Seiten die Brustmuskeln für den Flug ansetzen
- die **Schwanzwirbel** sind zu einem Knochen verwachsen, dem Pygostyl, an dem die Schwanzfedern und die Schwanzmuskulatur ansetzen
- die beiden **Schlüsselbeine** sind zu einem gabelartigen Knochen verwachsen, der Furcula, an der ein Teil der Flugmuskulatur ansetzt
- an der Verzweigung der Luftröhre in die beiden Bronchien sitzt der untere Kehlkopf der Vögel, die **Syrinx**; hier werden Laute erzeugt
- das **Herz** ist zweigeteilt, die linke Kammer pumpt in den Körperkreislauf, die rechte in die Lunge
- aus dem Herzen führt der **rechte Aortenbogen** in den Körper, nicht wie bei Säugetieren der linke
- die Kreuz- und andere Wirbel sind zu einem Knochen miteinander verwachsen, dem **Synsacrum**; darin sind auch die drei Beckenknochen integriert
- auch die Brustwirbel sind zu einem Knochen verwachsen, dem **Notarium** oder **Os dorsale**;
- Vögel haben **keine Zähne**, dafür einen hornbedeckten Schnabel

Diese Aufzählung könnte noch weiter fortgeführt werden.

Die Vogelfeder – ein superleichtes Wunderwerk

Ein Vogel, von der Ferne angeschaut, wirkt oft nur bunt. Beschreibungen dazu – auch für die Unterschiede zwischen Männchen und Weibchen, zwischen Jungen und Alten – findet man für die einzelnen Arten in den Bestimmungsbüchern, von denen einige im Literaturverzeichnis am Ende dieses Buches genannt sind. Dass aber das Kleid des Vogels aus endlos vielen einzelnen Federn zusammengesetzt ist, darauf wird man erst aufmerksam, wenn man den Vogel aus nächster Nähe sieht oder in der Hand hält. Ein amerikanischer Wissenschaftler hat sich einmal der Aufgabe unterzogen, die Federn von Haussperlingen zu zählen. Dabei kam er auf Zahlen von über 3500 im Winter, im Juli waren es nur knapp 3200. Einige waren zwischenzeitlich verloren gegangen. Große Vögel haben mehr Federn als Kleinvögel. So fand man bei einem Zwergschwan 25 216 Federn, die meisten mit 80 % am Kopf und an dem langen Hals. Eine Bienenelfe, ein winziger Kolibri von nur wenigen Gramm Gewicht, hat weniger Federn, deren kleinste am Augenlid nur 0,4 Millimeter Länge erreicht. Man hat bei einem Rubinkehlkolibri

Am Gefieder lassen sich Männchen (rechts) und Weibchen (links) des Haussperlings unterscheiden.

Das männliche Alpenschneehuhn trägt auf Spitzbergen sein weißes Winterkleid noch bis weit in den Sommer hinein.

940 Federn gezählt. Die längsten Federn hat ein männlicher Pfau; bei ihm erreichen die mit einem bunt schimmernden Augenmuster versehenen Oberschwanzdecken bis zu 1,5 Meter Länge.

Wegen ihrer großen Zahl und der verschiedenen Aufgaben, die sie erfüllen müssen, nehmen die Federn einen beachtlichen Anteil des Körpergewichts des Vogels in Anspruch. Üblicherweise macht das Federgewicht eines Vogels 5 bis 10 % des Körpergewichts aus, meist immer noch das Doppelte des Skeletts. Nur das Alpenschneehuhn leistet sich für den alpinen Winter ein Federkleid, das dichter, federreicher, flauschiger und wärmender ist als zu anderen Jahreszeiten. Es nimmt zu dieser Zeit ein Viertel des Körpergewichts in Anspruch: Von „federleicht" ist dann keine Rede mehr. Im Frühjahr mausert der Vogel in ein leichteres Kleid und hat es dann bequemer, die für ein Schneehuhn lästige Wärme des Sommers zu überstehen.

Frei von Federn sind meist nur wenige Stellen am Körper des Vogels: der untere Teil der Beine und die Zehen, der Schnabel, die Augen. Das wirkt sich deutlich bei der Temperaturregulation aus (s. S. 49 ff), weil über die nackten Stellen Wärme nach außen verloren geht oder der Körper bei Hitze gekühlt wird. Die Schneehühner, von denen oben die Rede war, haben dicht befiederte Läufe und Zehen und werden deshalb als Raufußhühner bezeichnet. Über Herbstsche Körperchen als Messeinheiten sowie glatte Muskulatur kann die Federstellung reguliert werden. Ansonsten ist die Haut bei den meisten Vogelarten aber auch keineswegs gleichmäßig mit Federn bedeckt. Die Federn stehen in ein

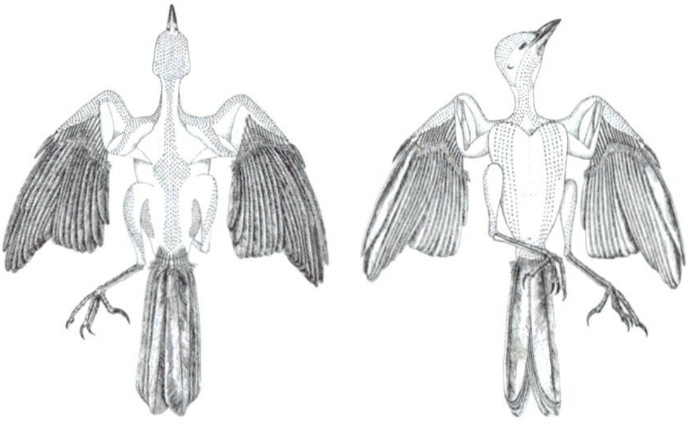

Wie hier bei der Amsel ist bei den meisten Vögeln das Körpergefieder auf die Federfluren (punktiert) begrenzt, dazwischen liegen die federlosen Federraine. Links: Oberseite, rechts: Unterseite.

paar engen Reihen konzentriert auf den Federfluren, zwischen denen sich federlose Federraine erstrecken. Diese Felder dazwischen werden aber von den Deckfedern der Federfluren mit abgedeckt. Nur beim Strauß, den Wehrvögeln und bei den Pinguinen (hier in großer Dichte) ist die Körperoberfläche gleichmäßig befiedert.

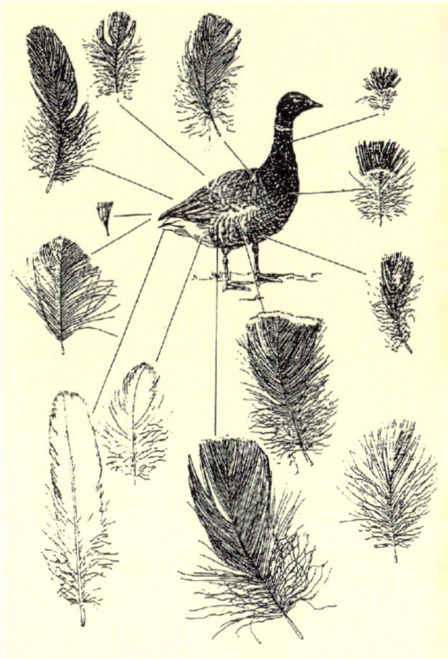

Die Körperdecken der Ringelgans haben je nach Lage am Körper ganz verschiedene Formen und Farben (aus Bergmann u. a. 1994).

Keratin: der Stoff, aus dem die Federn sind

Die Federn bestehen aus einem elastischen und haltbaren Hornstoff namens Keratin. Dies ist ein spezielles Protein, wie jedes Eiweiß aus Aminosäuren zusammengesetzt. Keratine gelten als die stabilsten Eiweißstoffe in der Natur, widerstandsfähig gegen Enzyme und die meisten bakteriellen Einflüsse. Es gibt zwei verschiedene molekulare Grundformen: Alpha-Keratin ist nach dem Modell einer Helix schraubig gewunden und relativ flexibel. Es ist der typische Grundstoff von Haut, Haaren, Krallen und Nägeln bei Säugetieren einschließlich des Menschen. Beta-Keratin dagegen besteht aus gefalteten Ketten, es ist zäher und widerstandsfähiger als das Säugerkeratin und kommt nur bei Vögeln vor. Hier tritt es in unterschiedlichen Varianten auf. Das Beta-Keratin der Federn ist leichter als dasjenige der Hornschnäbel und der Krallen. Auch die Läufe und die Zehen eines Vogels sind von Platten oder Schuppen aus Keratin bedeckt.

Vielfalt der Federformen

Jede Feder an einem Vogel ist anders. Einander am ähnlichsten sind noch die Deckfedern des Körpers, die unmittelbar nebeneinander gewachsen sind. Deutlich abweichend sind die großen Schwungfedern und Decken des Flügels sowie die Steuerfedern am Schwanz des Vogels. Ein Greifvogel, der einen Vogel erbeutet hat, rupft ihm sorgfältig alle größeren Federn aus, ehe er ihn verzehrt. Verständlich: Er kann die aus Horn bestehenden Federn ohnehin nicht verdauen.

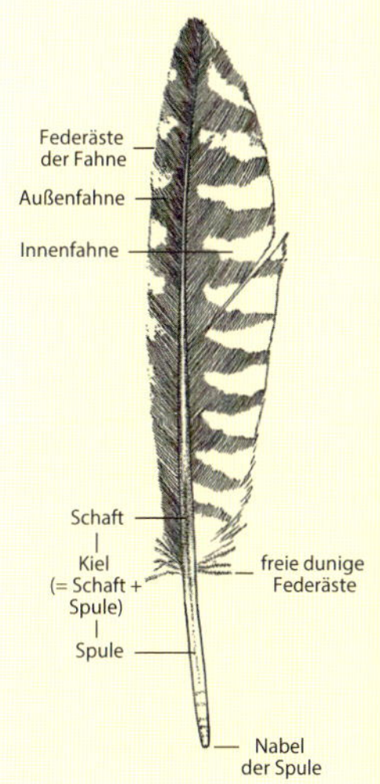

Rechte Handschwinge eines Brachvogels (aus Bergmann 1987, verändert)

Das Prinzip Klettverschluss

Die normalen Konturfedern eines Vogels, also alle Federn außer bestimmten kleinen Borstenfedern

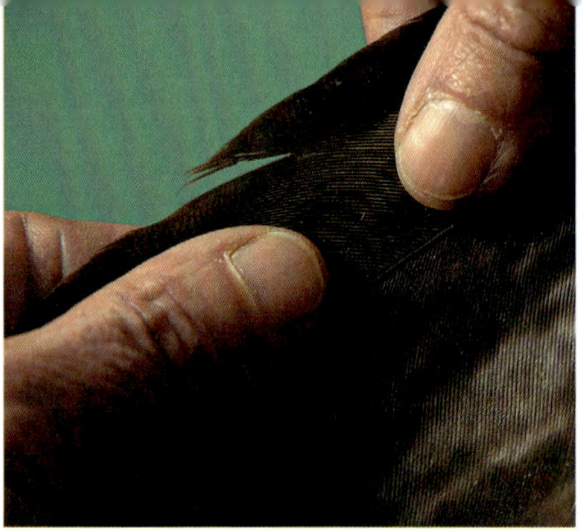

Man kann die Fahne leicht zwischen zwei Fingern aufreißen – und ebenso leicht wieder zusammenfügen.

und Dunen, bestehen aus Kiel und Fahne. Die Fahne sitzt beiderseits am Schaft und lässt nur an der Basis die Spule frei, dort wo die Feder in der Haut befestigt ist. Die Fahne muss den Luftstrom beim Fliegen aushalten, sie muss aber auch elastisch, leicht und reparabel sein. Eine Federfahne kann man mit leichter Mühe entlang der Federäste aufreißen – vom Federsaum bis zum Federschaft. Zwischen zwei Fingern von der Ober- und der Unterseite her streichend kann man die getrennten Fahnenstücke ebenso leicht wieder zusammenfügen – wie bei einem Klettverschluss. Das beruht auf der Feinstruktur der Federfahne.

Die Feder – Bau und Feinstruktur

Sucht man sich eine größere Feder eines Vogels aus, stößt man meist auf eine Steuerfeder aus dem Schwanz oder eine Schwinge – so werden die Flugfedern aus dem Flügel genannt. Solch eine Feder besteht aus dem Kiel (Scapus), der auf beiden Seiten die elastisch verformbaren Fahnen trägt. Die Außenfahne ist etwas fester und schmaler, die Innenfahne weicher und breiter. Die Feder ist fast immer etwas zum Körper hin gebogen und nach unten körperwärts gewölbt. Der Kiel hat in seinem untersten Teil in der Haut gesteckt und ist hier unpigmentiert und hohl. Dieser Teil wird Spule oder Calamus genannt. Der obere solide Teil des Kiels heißt Schaft oder Rhachis. Schwingen, Steuerfedern und die sonstigen den Körper bedeckenden Federn sind trotz unterschiedlicher Größe und Gestalt sämtlich nach diesem Prinzip gebaut und werden als Konturfedern zusammen-

Diese Adlerfeder trägt an der Fahnenbasis einen reichen Besatz wärmender offener Federäste.

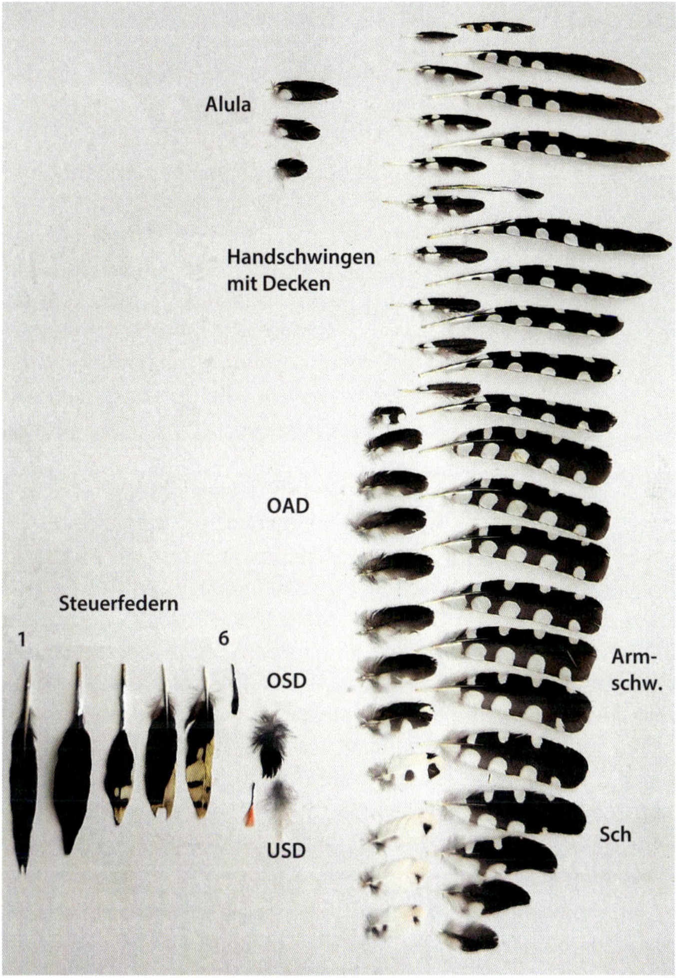

Flügelgefieder und Schwanz eines Buntspechts. Eine Handschwinge und die Steuerfeder 6 tragen Blutkiele und wachsen, das heißt sie sind frisch gemausert. OAD Obere Armdecken, OSD Oberschwanzdecken, USD Unterschwanzdecken, Sch Schirmfedern.

gefasst. Außer ihnen gibt es noch kleine Federchen verschiedener Gestalt, vor allem die Dunen oder Daunen, bei denen keine Fahnen ausgebildet sind und die vor allem der Wärmeisolation dienen. Sie stellen sozusagen das Untergefieder des Vogels dar. Dunen sind so leicht und zart gebaut, dass man keine Berührung spürt, wenn man mit geschlossenen Augen ein solches Federchen auf die Handfläche gelegt bekommt. Auch bei den

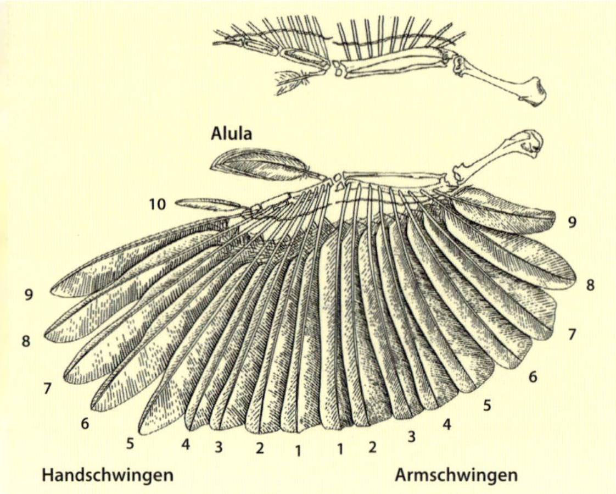

Im Flügel der Amsel sitzen die Handschwingen an den Gliedern der Hand, die Alula ist ein Finger mit spezialisierten Schwingen. Die neun Armschwingen sitzen an der Elle. Die Handschwingen sind von innen nach außen nummeriert, die Armschwingen umgekehrt, jeweils in der Reihenfolge, wie sie vermausert werden. Oben: Armskelett mit Federansätzen von der Unterseite (aus Bergmann 1987).

Konturfedern gibt es an der Basis der Fahnen meist solche dunenartigen Zonen, wo sich die Fahnen auflösen.

Schon bei grober Betrachtung erkennt man eine Struktur der Fahnen: Sie besteht aus parallel verlaufenden Federästen, die meist zur Spitze hin schräg vom Schaft weg verlaufen. An den Federästen stehen in dichten Reihen nach beiden Seiten Strahlen, die man mit bloßem Auge schon nicht mehr erkennen kann. Zur Federbasis hin sind es Bogenstrahlen, die in ihrer Längsrichtung basalwärts krempenartig aufgebogen sind. Auf der anderen Seite des Astes, zur Federspitze hin, treten an ihre Stelle Hakenstrahlen, die mit Serien feinster Häkchen besetzt sind. Legt sich ein Feld solcher Hakenstrahlen auf die benachbarten Bogenstrahlen auf, so greifen die Häkchen in die Krempen der Bogenstrahlen ein und verhaken sich dort. Auf diese Weise wird der Zusammenhalt der Federfahne erzeugt – das erinnert an einen Klettverschluss.

Die Farben der Federn

„Die Vielfalt und Pracht ihrer Färbung macht Vögel unter den Wirbeltieren einmalig" (E. Bezzel). Die Federfarben gehen auf verschiedene Quellen zurück. Pigmentfarben werden während des Wachstums vom Organismus in die Feder eingelagert. Die Farben Braun, Dunkelgelb, Schwarz und Grau gehen auf Melanin zurück. Diese Farben entstehen in speziellen Zellen aus der Aminosäure Tyrosin, die oxidiert und polymerisiert wird. Da dabei auch zusätzliches Keratin entsteht, stabilisiert dies die Federn. Exponierte Federn an Flügelspitzen werden häufig durch Melanin verstärkt. Hier sind sie aber auch besonders intensiv dem bleichenden Einfluss des Lichtes und mechanischer Belastung ausgesetzt.

Die Farbklasse der Porphyrine stammt von Abbauprodukten des Blutfarbstoffs (Häm) ab und erzeugt Rot- oder Grünfärbung. Die Rotfärbung

Die zehnte Armschwinge im Flügel der männlichen Mandarinente im Prachtkleid trägt eine ausgedehnte Fahne und wird während des Schwimmens hochgestellt.

von Flamingos sowie die Gelbfärbung beim Kanarienvogel, dem Grünfinken und manchen anderen Arten gehen jedoch auf Carotinoide zurück, die aus der Nahrung stammen, also nicht von den Vögeln gebildet werden können. Deshalb werden Flamingos in menschlicher Obhut bei der Mauser weiß, wenn ihrem Futter nicht Carotinoide beigemischt werden. Bei männlichen Amseln wird das Carotinoid im Schnabel und im Augenring sichtbar und zeigt die Kondition des Vogels an. Amselmännchen mit intensiv gefärbten Schnäbeln werden von den Weibchen bevorzugt. Männliche Fichtenkreuzschnäbel mit roter Gefiederfärbung überleben länger als gelb gefärbte Männchen. Rote Farbstoffe wirken auch als Antioxidantien. Bei der Rosenmöwe und bei Pelikanen stammt der zarte Rosafarbton aus dem Exkret der Bürzeldrüse (s. S. 111), das der Vogel bei der Gefiederpflege mit dem Schnabel von außen auf die Federn aufbringt. Auch die zarte Lachsfärbung des männlichen Gänsesägers im Prachtkleid geht auf diese Quelle zurück. Färbung kann auch von körperfremder Herkunft sein: Durch orange Haftfarben sind die alten Bartgeier gefärbt, die sich eigene Badestellen am Boden aussuchen, um sich mit solcher mineralischen Farbe zu imprägnieren. Weiße Federn von Schneehühnern können durch Sandbäder rötlich oder grau getönt werden.

Neben den Pigmentfarben treten bei vielen Vögeln Strukturfarben auf, die an speziellen dünnen Plättchen im Keratin entstehen und je nach Lichteinfall und Betrachtungsrichtung unterschiedlich schimmern – von violett über blau bis gelblich oder grünlich. Das Prachtkleid der Stare und der Spiegel im Armflügel der Stockente sind solche Beispiele. Das stabile Blau in den Flügeldecken des Eichelhähers wird durch Unterlagerung von Melanin unter das farblose, trübe Keratin erzeugt (Tyndall-Effekt) – ebenfalls eine Strukturfarbe.

Mauser: Die Feder wird zum Müll

Eine gefundene Feder kann man viele Jahre lang unbeschädigt aufbewahren, wenn man dafür sorgt, dass sie nicht von Motten, Federlingen, Milben oder anderen Schädlingen befallen wird. Im freien Gebrauch am Vogel getragen, wenn sie dem Wind und Wetter, der Strahlung der Sonne und anderen wechselnden Außeneinflüssen ausgesetzt ist, zeigt auch eine Feder im Lauf der Zeit Gebrauchsspuren. Dort wo sie mit dem dunk-

Schwanzfedern von Brachvögeln, links frisch gemausert, rechts alt und abgenutzt, vom Vogel abgeworfen. Das Melanin stabilisiert die dunklen Partien der Fahne.

len Pigment Melanin durchsetzt ist, hält sie länger. Wo das Pigment fehlt, also an weißen Stellen, baut sich das Keratin früher ab. Dann wird es Zeit für eine Erneuerung.

Haare und Hörner wachsen stets von ihrer Basis her nach. Das gilt auch für die Hornschicht der Schnäbel und die Krallen der Vögel. Eine Feder dagegen, einmal ausgewachsen, ist ein lebloses Horngebilde, das nur als Ganzes abgestoßen und erneuert werden kann. Das geschieht bei den meisten Vögeln einmal im Jahr: im Sommer, wenn die anstrengende Fortpflanzungszeit vorbei ist, wenn es noch genügend Nahrung gibt und der Vogel noch nicht wandern muss. Den Prozess der alljährlichen Federerneuerung nennt man Mauser (abgeleitet vom lateinischen mutari – sich verwandeln). Er nimmt meist einige Wochen oder sogar Monate in Anspruch. Das Federkleid wird dabei nicht komplett auf einmal abgestoßen, sondern in geordnetem Ablauf, sodass der Vogel nicht federlos dasteht, sondern immer von Federn bedeckt ist, teils noch von den alten, teils mehr und mehr von neuen. Bei den meisten Vögeln werden auch die Flügelfedern in bestimmter Reihenfolge erneuert, sodass zwar wandernde Mauserlücken im Flügel entstehen, der Vogel aber trotzdem flugfähig bleibt. Bei einigen Wasservögeln werden allerdings sämtliche Schwingen des Flügels binnen weniger Tage abgeworfen und danach gleichzeitig erneuert. Für diese Synchronmauser ziehen sich die flugunfähigen Vögel zurück in nahrungsreiche ungestörte Gebiete. Gänse mausern auf diese Weise ihre Flügel dann, wenn ihre Jungen geschlüpft sind und sich die Flügel der Küken erst langsam entwickeln. Nach einigen Wochen sind dann Eltern und Kinder gleichzeitig zum Fliegen bereit.

Die einzelne Feder wächst aus einer Hautpapille der Lederhaut heraus. Sie ist zunächst in einer verschlossenen, innerlich gut durchbluteten Hornscheide geschützt, dem Blutkiel. Dieser öffnet sich dann von der Spitze her und zerfällt, sodass die darin aufgerollt angelegte Feder freigestellt wird und sich nach und nach entrollen kann. Wenn allerdings die Nahrungszufuhr für den Vogel unterbrochen wird und er eine Weile hungern muss, entstehen in der sich bildenden Feder Lücken quer über die Außen- und Innenfahne. Man nennt diese Bänder Hungerstreifen: Die Stoffzufuhr ist gestoppt, aber die Feder wächst weiter. Solche Hungerstreifen können

Im September ist das frisch vermauserte Gefieder des Stars über und über mit hellen Flecken bedeckt: Perlstar.

Ende April sind die hellen Spitzenflecke des Gefieders abgebrochen und der bisher verborgene vielfarbige Glanz des Gefieders tritt hervor: Glanzstar.

manchmal nur eine einzelne Feder betreffen, die gerade erneuert wird. Sind alle Federn mit einem solchen Hungerstreifen versehen, kann man davon ausgehen, dass es sich um einen Jungvogel handelt: Alle Federn sind in demselben Wachstumsstadium.

Manche Vögel bedienen sich der Abnutzung von Federn auch zu dem Zweck, ein neues Kleid anzulegen. Ein Star wird durch seine Mauser im Herbst zum Perlstar: Das neue Kleid ist über und über mit hellen Flecken bedeckt. Diese Flecken brechen im Lauf der Zeit weg, sodass der Vogel im Frühjahr ohne Mauser zum Glanzstar wird: Die bis dahin verborgenen, farbig schillernden Strukturfarben der Deckfedern kommen zum Vorschein.

Federn für viele Zwecke

Man hat lange darum gestritten, ob Federn primär zur Wärmeisolation nach außen entstanden sind oder als Flugfedern ausgebildet wurden. Doch auch nicht-fliegende Dinosaurier trugen schon federartige Bildungen auf ihrer Haut und regulierten damit ihre warme Körpertemperatur. Daher ist dieser Streit entschieden: Federn sind primär Wärmefedern. Erst sekundär sind sie an das Fliegen angepasst worden: Der Flügel für das Fliegen, der Schwanz für das Steuern, die Körperdecken für das Erzeugen einer glatten und flugangepassten Oberfläche und Körpergestalt. Zusätzlich könnten schon früh Gestalt- und Färbungsmuster an den Federn entstanden sein, die dem Imponieren, der Tarnung, der Identifikation und anderen Schauzwecken dienen. Federn sind auch Hilfsapparate der Wahrnehmung. Da ihre Basis von Nervenfasern und Muskeln umsponnen ist, können passive Bewegungen der Feder wahrgenommen werden. Federn können auch aktiv aufgestellt und niedergelegt werden und damit dem Ausdrucksverhalten und der Thermoregulation dienen.

Der Flügel des Langstreckenziehers Fitis (links) ist lang und spitz, der des Kurzstreckenziehers Zilpzalp (rechts) ist kurz und stumpf gerundet.

Das Haar oder der Fingernagel eines Menschen besteht wie bei einem Vogel aus Keratin (s. S. 23), ist aber selbst nicht mehr belebt, und man kann beide abschneiden, ohne dass eine Schmerzwahrnehmung entsteht. Doch wachsen beide von der Basis her ständig nach und es tut weh, wenn man ein Haar ausreißt. Bei einem Vogel ist die Feder vollständig abgestorben, sobald ihr Wachstum abgeschlossen ist. Man kann sie auch beschneiden, ohne dass es dem Vogel weh tut. Da sie aber mit der Spule in der Haut verankert und dort von Muskelfasern und Nerven umsponnen ist, entstehen dem Vogel Schmerzen, wenn man die Feder ausreißt. Deswegen ist das Ausrupfen von Daunenfedern bei lebendem Geflügel aus Tierschutzgründen international in vielen Ländern verboten. Während der Mauser, bei der natürlichen Erneuerung einer Feder, spürt der Vogel selbst keinen Schmerz. Die Feder wird durch die nachwachsende Nachfolgerin von unten her herausgedrängt und löst sich leicht ab, wenn der Vogel sein Gefieder putzt. Er hat die Feder dann plötzlich lose im Schnabel und lässt sie einfach fallen. Die Erneuerung des Federkleides kostet den Vogel jedoch viel Energie. Er lebt dann meist zurückgezogen und benötigt reichlich gute Nahrung. Er hat leicht erhöhte Temperatur, also schwaches Fieber.

Der Vogelflügel: ein spezialisiertes Instrument

Der befiederte Flügel ist im Dienst des Fliegens so hoch entwickelt, dass er für andere Zwecke fast nicht mehr geeignet ist. Pinguine und Alkenvögel können damit elegant und schnell unter Wasser fliegen. Der Vogel kann aber mit dem Arm oder der Hand im Allgemeinen weder sein Gefieder pflegen noch laufen oder Beute fangen. Dafür hat er die in Längsreihen am Flügel angeordneten Federn für das Fliegen so angepasst, dass sie trotz verschiedener Gestalt ein funktionelles Ganzes bilden. Der Vogelschwanz hat andere Gestalt und andere Funktionen bekommen: Er hilft u. a. beim Steuern und Bremsen.

Schwanz und Flügel

Der Vogelschwanz besteht fast immer aus zwölf zumeist recht einheitlich geformten Federn. Dazu kommen noch Ober- und Unterschwanzdecken, die die Basis der Schwanzfedern abdecken. Demgegenüber ist der Flügel ein kompliziert zusammengesetztes Gebilde. Man unterscheidet bei den großen Flugfedern die Handschwingen, die am knöchernen Handskelett befestigt sind, und die Armschwingen, die an der Elle am Unterarm stehen. Die zusätzlichen Deckfedern sind dazu da, den Flügel aerodynamisch in geeignete Form zu bringen, sodass im Flug keine störenden Verwirbelungen an der Flügeloberfläche entstehen.

Der Flügel ist während des Fliegens (s. S. 37) für die Schlagfunktion, das Gleiten, das Segeln und auch für das Steuern und Bremsen verantwortlich. In einem kompletten Flügel begegnet man zahlreichen Federformen. Wenn ein Greifvogel einen Vogel erbeutet, rupft er ihm die meisten Federn aus, bevor er ihn frisst. Der zurückbleibende Federhaufen, den man eine Rupfung nennt, enthält dann auch die meisten Flügelfedern, allerdings ganz durcheinandergeworfen. Man muss sie erst sorgfältig ordnen, ehe man ihre Formen, Zahlen und ihre ursprüngliche Anreihung am Flügel durchschaut. Dazu bedarf es einiger Erfahrung und Geduld. Am leichtesten ist es noch, nach ihrer Krümmung und Asymmetrie die Federn der rechten und der linken Seite zu unterscheiden. Besser ist es, einen kompletten Flügel zu betrachten.

Wie viele Federn hat der Flügel?

Singvögel

Bei Singvögeln ist der Flügel nach einem recht einheitlichen System aufgebaut. Der **Handflügel** enthält durchweg zehn Handschwingen – die größten Federn des Flügels. Sie sind stark asymmetrisch gebaut, mit schmaler Außenfahne und breiter Innenfahne. Meist sind nur die neun inneren von ihnen in vollständiger Länge ausgebildet. Die zehnte, das heißt die äußerste, ist fast immer sehr kurz, im Extremfall nur einige Millimeter lang. Die Großen Oberen Handdecken decken die Basis der Hand-

Armschwinge eines Mäusebussards. Es ist hauptsächlich die Struktur, die die Feder wasserabweisend macht.

schwingen von oben ab. Sie sind zwar relativ klein, aber an ihrer Form und den langen Spulen leicht zu erkennen. Die Spulen fügen sich von oben her in die Lücken zwischen den Spulen der Handschwingen ein. Der Handflügel endet nach innen hin mit der Handschwinge Nummer 1. Die Nummerierung erklärt sich daraus, dass die Handschwingen von innen nach außen gezählt werden, weil sie auch in dieser Reihenfolge gemausert werden. Die Handschwinge 1 trägt als einzige bereits eine Decke vom Typus der Großen Oberen Armdecken, nur in etwas kleinerer Form. Diese Decke wird nach ihrer Befestigung auf dem Handgelenk (Karpalgelenk) Karpaldecke genannt. Sie weist schräg nach außen, kann also die Spulen der benachbarten Handdecken und Handschwingen von oben her abdecken. Vorn am Flügelbug liegen noch die 3 bis 4 kurzen und spitzen Federn der Alula, die man auch den Daumenfittich nennt. Dieser kann beim Bremsflug separat abgespreizt werden und verhindert wie eine Landeklappe das Abreißen der Luftströmung über dem Handflügel (s. S. 42).

Die Zahl der **Armschwingen** beträgt durchweg neun, bei wenigen Singvogelgruppen kommt eine kleine zehnte hinzu. Sie werden von außen nach innen gezählt, so wie auch ihre Erneuerung bei der Mauser abläuft. Auf diese Weise kommen die Handschwinge 1 und die Armschwinge 1 am Handgelenk des Vogels nebeneinander zu liegen. Die körpernahen Armschwingen 7 bis 9 (10) werden Schirmfedern genannt, weil sie den geschlossenen Flügel von oben her beschirmen, das heißt abdecken. Sie sind meist symmetrisch geformt, das bedeutet, Innen- und Außenfahne sind annähernd gleich breit. Sie weisen oft auch ein abweichendes Färbungsmuster auf. Bei Stelzen, Piepern und Lerchen ist besonders die 7. Armschwinge bedeutend verlängert und ragt auffallend aus dem geöffneten Armflügel heraus. Der Flügel endet zum Körper hin mit einer zusätzlichen kleinen 10. (oder 11.) Großen Oberen Armdecke, die besonders flach geformt ist. Daran schließen sich Deckfedern an, die am Oberarm befestigt sind und die Lücke zwischen Armflügel und Körper füllen. Mehrere Reihen von Deckfedern runden den Flügel sowohl auf der Oberseite wie auch auf der Unterseite nach vorne hin aerodynamisch ab.

Nicht-Singvögel: Kuckuck, Eule, Schwan

Bei Nicht-Singvögeln sind die Verhältnisse im Einzelnen etwas abweichend. Die Zahl der ausgebildeten **Handschwingen** beträgt meist 10 wie bei den Singvögeln, bei einigen Vogelgruppen aber auch 11 oder 12. An der Flügelspitze, wo bei Singvögeln die kleine Handschwinge 10 und eine kleine Decke stehen, findet man hier nur eine einzige verkürzte und sehr steife spitze Feder (Remicle, „Malerfeder"), der wohl Stabilisierungsfunktion für die Flügelspitze zukommt. Die Zahl der Armschwingen ist fast durchweg größer als bei Singvögeln und variiert stark, in Abhängigkeit von der Länge des Unterarms. Selbst innerhalb einer Art ist sie nicht immer konstant. Ihre Zahl kann 20 und mehr erreichen.

Was Vögel mit dem Flügel noch können

Der Flügel geht auf das Vorderbein der Vogelvorfahren zurück. Er ist für das Fliegen maximal angepasst. Das darf nicht überraschen: Jede Schwäche in der Konstruktion könnte zu verminderter Flugleistung oder zum tödlichen Absturz führen. Wegen des Umbaus von Hand und Arm steht aber der Vogel nun ohne Vorderbeine und Hände da, die für die vierfüßigen Wirbeltiere doch so wichtig sind. Man könnte sich vorstellen, dass das Fehlen von Hand und Arm auch für den Vogel besonders dramatische Folgen hat. Dabei fragt sich zuerst: Kann man aus dem befiederten Flügel noch etwas an Handfunktionen herausholen? Chancen dazu gab es bei dem Urvogel *Archaeopteryx*, der am Flügelbug noch über freie Finger mit spitzen Krallen verfügte. Damit konnte er klettern und sich festhalten. Aber die große Mehrzahl der heutigen Vögel hat am Flügel wenig Entsprechendes zu bieten. Als Ausnahme können die Jungen des südamerikanischen Hoatzins (*Opisthocomus*) gelten, die noch vier krallenbewehrte Finger haben und damit in der Vegetation aufwärts klettern können, wenn sie aus dem Nest gefallen sind.

Mit dem Flügel prügeln

Wozu aber kann der Flügel sonst noch gebraucht werden, außer für das Fliegen? Eine Taube, eine Gans oder ein Schwan kann mit dem Flügel zuschlagen und kämpfen. Ein Schwan kann auch dem Menschen schmerzhafte Flügelschläge verpassen: Vor ihnen muss man sich mehr hüten als vor dem Biss des Schnabels. Bei der Graugans gibt es am Handgelenk eine hornige Schlagwarze, die im Flügelbugkampf eingesetzt wird. Der Flügelbug ist für solche Zwecke bei manchen Arten sogar speziell bewaffnet. Spornkiebitz und Sporngans haben davon ihren Namen bekommen. Bei weiteren Vogelarten ist ein äußeres, kaum sichtbares Fingerglied mit einer Kralle versehen, so bei Kranichen, Rallen, Eulen und einigen Singvögeln. Besonders

Bei der singenden Amsel wie bei fast allen anderen Vögeln dient der Flügel nur dem Fliegen und wird bei anderem Verhalten zusammengefaltet und angelegt.

die Alula, ein normalerweise befiederter kurzer Finger außen am Handgelenk der Vögel, ist dafür geeignet. Bei anderen Vögeln haben sich zusätzlich Sporne gebildet, die nichts mit einem Finger zu tun haben, sondern frei am Mittelhandknochen sitzen. Die südamerikanischen Wehrvögel, Verwandte der Entenartigen, verwenden diese Sporne beim Kämpfen mit Artgenossen und können ihnen damit erhebliche Verletzungen zufügen. Also bietet der Flügel einen Kompromiss: Trotz aller Spezialisierung für das Fliegen lässt er sich mit wenigen zusätzlichen Mitteln zum effektvollen Kämpfen verwenden. Darauf sind aber nicht alle Vögel gekommen.

Störche und etliche andere Vögel benützen ihre ausgebreiteten Flügel, um ihre Nestjungen gegen Sonne und Regen zu schützen. Manche Reiher, wie beispielsweise der Seidenreiher, breiten ihre Flügel über dem Wasser beim Beuteerwerb ruckartig aus. Sie scheuchen damit Fische und andere Beutetiere aus ihrer Deckung heraus, sodass sie sie dann mit dem Schnabel fangen können. Das sind Beispiele für das Wenige, was die Vögel aus dem Flügel an mechanischen Funktionen und Schutzfunktionen noch herausholen können. Andere Leistungen wie Instrumentallaute des Flügels (s. S. 95) haben direkt mit dem Fliegen zu tun.

Die Schau mit dem Flügel

Ein ausgebreiteter Flügel stellt auf seinen zahlreichen Federn Flächen für Farbe und Kontrast bereit. Viele Entenvögel zeigen im geöffneten Armflügel einen Spiegel: Das ist ein farbiges, oft sogar noch von andersfarbigen

Die Stockente demonstriert während der Gefiederpflege den Spiegel des Armflügels, der bläulich schimmernde Strukturfarben trägt.

Basstölpel: Beim Altvogel sind nur die Handschwingen, die Alula und die Füße schwarz. Der Vogel trägt im Schnabel Blasentang ins Nest.

Säumen eingefasstes Feld. Bei der Stockente leuchtet der Spiegel durch Strukturfarben blau, violett oder grün, je nach Lichteinfallswinkel und Blickrichtung. Männliche Strauße wedeln bei der Balz mit ihren Flügeln, obwohl sie damit gar nicht fliegen können. Watvögel warten im geöffneten Flügel mit artspezifischen hellen Bändern oder Feldern auf. Drosseln haben farbige oder weiße Unterflügel. Bei Schneehühnern, Schneesperlingen und Schneeammern leuchtet viel Weiß in den geöffneten Flügeln. Bei zahlreichen anderen Singvögeln fallen helle Säume an den Spitzen der Armdecken auf. Die Vielfalt der Farben und Muster kann man am besten in Fotos des fliegenden Vogels erkennen. Wird der Flügel zusammengefaltet und breiten sich darüber Körperfedern aus, werden die auffallenden Flügelmuster verdeckt. Ein während des Fliegens oder beim Sichflügeln in der Luft bewegter Flügel kann zusätzlich Geräusche, Klänge oder Töne erzeugen. Der Flügel dient damit auch dem Erzeugen von akustischen Signalen. Selbst das eigentliche Fliegen kann zum Signal werden: Kalanderlerchen zeigen beim Singflug, Silberreiher beim Schauflug langsame zeremonielle Flügelschläge. Das sind zusätzliche Funktionsbereiche, mit denen der fertige Flügel sich sekundär hervortut. Sie sind keine ursprünglichen Hand- oder Armfunktionen. In einigen Bereichen kann auch der Schnabel die fehlende Hand des Vogels ersetzen.

Wenn ein vierfüßiges Wirbeltier mit den Vorderbeinen oder den Füßen etwas Anderes tut als Laufen, wie Greifen, Graben, Kratzen oder auch eigene Körperpflege treiben: Das sind alles Aufgaben, die auch ein Vogelschnabel übernehmen kann. Ein spezialisierter Vogelschnabel ist zwar nicht mehr für beliebige Aufgaben geeignet. Trotzdem kann ein

Birkhähne und andere Hühnervögel benutzen ihre Flügel und Beine beim Revierkampf. Die Flügel tragen ein Signalmuster.

begnadeter Fischfänger wie der Basstölpel ein Stück Alge im Schnabel zum Nest tragen und dort einbauen: Nestbau mit dem Fischerschnabel. Es gibt wohl keinen Vogel, der nicht mit dem Schnabel sein Gefieder pflegt.

Fuß und Bein als Ersatz für die Hand

Vögel, denen weder der Flügel noch der Schnabel solche Möglichkeiten bietet, können versuchen, anstelle der zum Flügel entwickelten Vorderextremität ihre Beine und Füße zu verwenden. Hühnervögel kämpfen mit den Beinen und setzen dabei dornenartige Sporne als Waffen ein. Sie verwenden neben dem Schnabel ihre Füße zum Kratzen im Boden beim Nahrungserwerb, beim Nestbau und beim Sandbaden. Eine Krähe hält ein Stück Brot mit dem Fuß fest, eine Meise tut dasselbe mit einem Sonnenblumenkern, ehe sie das Objekt mit dem Schnabel bearbeitet. Auch Greifvögel und Eulen verwenden ihre mit kräftigen Krallen versehenen Füße dazu, Beutetiere festzuhalten, zu töten oder zu transportieren. Manche Vögel können sehr geschickt ein Nahrungsobjekt im Fuß halten und zum Schnabel führen, um davon abzubeißen. Ein klassisches Beispiel dafür ist das Purpurhuhn. Auch bei Papageien und bei der Bartmeise beobachtet man diese Leistung. Milane und Falken können eine in den Fängen gehaltene Beute sogar im Flug zum Schnabel führen.

Katzen und andere Säugetiere putzen Kopf und Gesicht mit Hand und Arm. Vögel verwenden dagegen allgemein ihren Schnabel zur Gefiederpflege, können aber natürlich damit ihr Kopfgefieder nicht erreichen. Ersatzweise kratzen sie sich mit dem Fuß am Kopf, entweder vorn herum direkt oder hinten herum über den Flügel. Schleiereulen, Nachtschwalben und einige Reiher verfügen zusätzlich an ihrer Mittelzehe über einen Hornkamm, der eigens für die Gefiederpflege entwickelt worden ist.

Bewundert und beneidet: Fliegen der Vögel

Das freie Fliegen der Vögel im Luftraum ist die am meisten von uns bewunderte und am wenigsten erreichte Leistung dieser befiederten Wirbeltiere. Ob es das rasende Abwärtsgleiten des Wanderfalken während seines Fangflugs ist, ob es der 9000 Meter hohe Wanderflug der Streifengänse über den Himalaja ist oder der zweimal jährliche küstenbegleitende Zug der Küstenseeschwalbe zwischen Arktis und Antarktis – all dies verdient unsere unbegrenzte Anerkennung: Für unsere Einschätzung sind das Spitzenleistungen aus dem Reich des Lebendigen. Wenn man genau hinschaut und hinhört, wird man aber beim Fliegen der Vögel und bei ihren anderen Eigenschaften noch viel mehr staunenswerte Leistungen und Strukturen entdecken.

Flattern, Rütteln, Gleiten, Segeln

Schlagflug – das ist das, was wir von den meisten Vögeln als erstes sehen. Wir sprechen dabei auch von Aktivflug, Flatterflug, Ruderflug oder Kraftflug. Beim normalen Schlagflug eines Vogels wechseln in ständiger Folge Aufschlag und Abschlag der Flügel. Ohne diese Art des Flugs könnte eine Stockente nicht vom Wasser starten und eine Amsel nicht vom Boden. Beide und die meisten anderen Vögel benötigen diese Flugart nicht nur für den Start, sondern auch für ihren Flug auf Distanz.

Zahlreiche kleinere Vögel wechseln zwischen Aktivflug und inaktiven Flugphasen ab. Hierbei schießen sie mit geschlossenen Flügeln bolzenartig ein Stück durch die Luft, ohne zu segeln oder

Weltmeister im Dauer- und Weitfliegen: die Küstenseeschwalbe am arktischen Brutplatz auf Spitzbergen, nicht weit vom Nordpol entfernt.

Der mausernde Kolkrabe kühlt sich im Flug mit den heraushängenden Füßen.

zu gleiten. Sie verlieren dabei an Höhe, dann aber fangen sie sich mit der nächsten aktiven Schlagflugphase wieder auf. Besonders Spechte und Stelzen benützen diese Art zu fliegen. Ihr Flug wird dadurch ausgesprochen wellenförmig. Ringeltauben gestalten ihren Schauflug in ähnlicher Weise, aber mit einem Unterschied: Sie wechseln zwischen einer aufsteigenden Aktivflugphase – oft mit knallendem Flügelpeitschen verbunden – und einer Gleitflugphase mit geöffneten Flügeln, bei der sie an Höhe verlieren. Auch Stare wechseln zwischen Schlagflug und Gleitflug, aber sie tun das häufig noch gemeinschaftlich im großen, wohlkoordinierten Trupp.

Rüttelflug

Ein Turmfalke steht fliegend dreißig Meter hoch über dem Feldrain und späht nach unten. Er bewegt sich weder vor- noch rückwärts, sondern bleibt im Luftraum an einer Stelle, während er ständig mit den Flügeln schlägt. Anders gesagt: Vortrieb und Rücktrieb sind gleich Null und der Auftrieb gleicht genau die Erdanziehung aus. Wenn der Wind weht, stellt sich der Falke gegen die Windrichtung ein und gleicht die Windverdriftung aus. Am stabilsten in seiner Fluglage wird der Kopf gehalten. Selbst kleine Drehungen des Körpers oder andere Schwankungen werden hier ausgeglichen, sodass der Kopf absolut feststeht. Das bedeutet: Das Bildfeld der beiden Augen ist konstant, was das Lokalisieren bewegter Beute am Boden erleichtert. Das Rütteln ist anstrengend, Turmfalken verwenden es am liebsten, wenn sie bei Schönwetter durch aufsteigende Luft dabei unterstützt werden. Wenn es im Winter keine solche Thermik gibt, lauern sie lieber auf einem Zaunpfahl, um von dort aus eine Maus am Boden zu erjagen.

Der Turmfalke steht im Rüttelflug in der Luft, die Alulae sind abgespreizt.

Der Kolibriflug

Auch die Flussseeschwalbe versteht es, mit weit ausholenden Flügelschlägen zu rütteln.

Kolibris bringen, aus der Nähe gehört, einen summenden Flugschall hervor. Sie können bis zu 80 Flügelschläge pro Sekunde erzeugen. Beim Kolibri wechseln sich die zwei Schlagrichtungen der Flügel mit großer Geschwindigkeit ab. Was bei den anderen Vogelarten Auf- und Abschlag ist, gestaltet sich bei Kolibris als Schlag vorwärts und rückwärts. Die Flügelspitzen beschreiben dabei eine liegende Acht. Sowohl beim Schlag nach vorn als auch nach hinten wird Auftrieb erzeugt. Die Oberseite und die Unterseite des Flügels sind spiegelbildlich gestaltet. Am vorderen und hinteren Ende des Schlages kippt der Flügel jeweils um fast 180 Grad um seine Längsachse: vorne kippt er rückwärts, hinten wieder vorwärts. Auf diese Weise arbeiten die Flügel fast wie die eines Helikopters, aber mit ständig wechselnder Schlagrichtung.

Das Wunderliche ist nun, dass auch ein großer Vogel sich ähnlicher Flugweise bedienen kann. Ein Fischadler hat sich von oben ins Wasser gestürzt und einen Fisch erbeutet, den er jetzt mit den Fängen festhält (Abb. s. S. 111). Nun muss er sich von der Wasseroberfläche lösen und aufsteigen, um die Beute fortzutragen. Er führt einen wuchtigen Flügelschlag nach vorne hin, dann wendet er den Flügel und erzeugt beim Schlag nach hinten ebenfalls Auftrieb. Mit ein paar Flügelschlägen hat er genügend an Höhe erreicht und startet dann durch zum normalen Flug Richtung Nest oder Kröpfplatz, wo er die Beute zerlegt.

Gleiten

Gleitflug ist die bequeme Art des Vorwärtskommens in der Luft. Der geöffnete Flügel ist nach oben konvex, nach unten entsprechend konkav geformt. Wird er vorwärtsbewegt, so gleitet die Luft über und unter ihm dahin, oben aber schneller als darunter, weil der Weg über den Flügel länger ist als unten. Dadurch entsteht über dem Flügel ein Strom verdünnter Luft, damit ein Sog und für den Flügel und den ganzen Vogel ein Auftrieb. Nachteil: Der Gleitflug setzt Vorwärtsbewegung voraus und die wird durch Sinken der Flugbahn erzeugt. Der Gleitflug führt also in schwächerem oder stärkerem Winkel abwärts, wenn nicht Aufwind dazu kommt (beim Segeln, s. S. 40). Für den Gleitflug ist hauptsächlich der Armflügel zuständig, während der Handflügel mehr für den Vortrieb verantwortlich ist.

Der Mauersegler ist als Flieger nicht nur dauerhaft, sondern auch schnell, hier im Gleitflug.

Segeln

Wenn ein Vogel mit ausgebreiteten unbewegten Flügeln in aufsteigender Luft gleitet und dabei an Höhe gewinnt, bezeichnen wir das als Segeln. Rundflügelige Großvögel wie Adler, Geier, Bussarde und andere sind an das Segeln über festem Land angepasst und leben auch bevorzugt in Lebensräumen, wo sie diese Flugweise nutzen können. Wenn sie ohne Thermik auf Distanz gleiten, verlieren sie die gewonnene Höhe, können sich aber in der nächsten Thermiksäule wieder auf Höhe bringen. Sie können eine Steiggeschwindigkeit von 5 Metern pro Sekunde erreichen. Sie beginnen aber erst im Laufe des Vormittags zu fliegen, weil erst dann die Thermik ausgebildet ist. Sie können sich auch der Hangaufwinde an einem Berg oder an der Küste bedienen. Solches Segeln ohne Flügelschlag kostet nur wenig Energie. Ein segelnder Vogel benötigt bei gleicher Geschwindigkeit nur 3 bis 5 Prozent der Energie des Schlagflugs. Über dem Meer segeln spitzflügelige Albatrosse und andere Seevögel im dynamischen Segelflug, wobei sie die unterschiedlichen Windgeschwindigkeiten über der Meeresoberfläche nutzen.

Der Bartgeier kann im Segelflug Aufwinde nutzen, um Höhe zu gewinnen.

Formationsflug

Wenn Vögel im Herbst oder im Frühjahr am Himmel vorbeiziehen und dabei eine keil- oder linienförmige Formation bilden, spricht man im Volksmund mindestens im Herbst gern von „Schneegänsen“. Sie sollen den ersten Schnee oder einen langen und harten Winter ankündigen. Häufig ziehen sie tatsächlich im Herbst bei Ostwetterlagen, die Kälte mitbringen. Es geht ihnen aber vor allem um das Energiesparen, sowohl beim Rückenwind als auch beim Fliegen in

Der Grauganstrupp fliegt in (nicht ganz geordneter) Keilformation.

Formation. Meist handelt es sich dabei um Kraniche, was man auch an den Rufen gut erkennen kann. Aber auch Pelikane, Kormorane, Gänse, Enten, Brachvögel, ja sogar herab bis zu Goldregenpfeifern bedienen sich solcher Flugformationen. Jeder größere fliegende Vogel, ganz gleich, ob im Aktiv- oder Gleitflug, erzeugt genau wie ein Flugzeug an beiden Flügelspitzen eine rotierende Wirbelschleppe. Der nachfolgende Vogel kann die Aufwindkomponenten dieser Wirbelschleppe auf einer Seite nutzen. Er kann dabei 10 % oder mehr an Flugenergie einsparen. Für den Vogel an der Keilspitze gilt das nicht. Er lässt sich manchmal zurückfallen und wird dann ausgewechselt, sodass er auch die Vorteile innerhalb der Formation nutzen kann. Da nicht alle Vögel in solch einem Keil exakt optimale Distanzen einhalten, spielen wohl auch noch andere Vorteile eine Rolle, wo es nicht so auf exakte Entfernung und Flugkoordination ankommt: soziales Fliegen in der Familie, Vermeiden von Kollisionen.

Auch Kraniche wechseln planmäßig zwischen Formations-, Segel- und Gleitflug ab. Bei ruhigem Wetter nehmen sie Linien- oder V-Formation ein und arbeiten sich im Schlagflug vorwärts. Ihre Geschwindigkeit über dem Boden beträgt dabei etwa 60 km/h. Bei Rückenwind können sie auch bis zu 100 km/h oder mehr erreichen. Herrscht jedoch Thermik, so nutzen sie die aufsteigende Luft, indem sie darin kreisen und Höhe gewinnen. Dabei lösen sich die Formationen auf. Wenn sie weit genug aufgestiegen sind, wenden sie sich wieder in Zugrichtung und nutzen die gewonnene Höhe zum energiesparenden Gleitflug. Auch dabei bilden sie binnen weniger Sekunden wieder die Keilformation.

In einer neuen Untersuchung wurde eine ganze Familie von Blässgänsen, die im Frühjahr zusammen von Holland aus in die russische Arktis flogen, mit GPS-Sendern versehen. Diese Sender messen nicht nur den geographischen Ort, an dem sich ein Vogel aufhält, sondern weitere Größen wie Höhe, Beschleunigung, Distanzen und Lage einzelner Vögel zueinander und mehr. Ein in Holland markiertes Blässganspaar mit vier vorjährigen Jungen ließ sich bis weit in den Osten verfolgen, wo dann drei Junge auf der Frühjahrsjagd nacheinander abgeschossen wurden. Beim Streckenflug waren die Vögel bis dahin nahe beieinander und bildeten jeweils eine V- oder Linienformation. Wie sich zeigte, war entweder der Vater oder die Mutter dabei an erster Stelle. Die Jungen durften die bequemeren, das heißt weniger anstrengenden Positionen hinter den Eltern wahrnehmen. Das gehört selbst im zweiten Kalenderjahr immer noch zur elterlichen Investition für die Jungen. Die Eltern fördern indirekt ihre eigenen Gene, die sie den Jungen vererbt haben (s. S. 141). Das ist für die Jungen hilfreich, weil sie noch nicht so schnell und ökonomisch fliegen können wie die Alten. In der Tat kommen Familien mit Jungen beim Wegzug im Herbst später im Überwinterungsgebiet an als Einzelvögel oder Paare ohne Nachwuchs.

Im Landeanflug am Horst lässt der Storch seine Füße hängen, richtet den Kopf auf und fährt die Alulaschwingen am Handgelenk aus.

Innere Leistungen für den Flug

Mit der Entwicklung des Fliegens wurden sämtliche Organsysteme des werdenden Vogels überprüft und angepasst. Das gilt auch für die inneren Organe und ihre Leistungen. In diesem Kapitel beschränken wir uns im Wesentlichen auf das Herz, den Darm und die Geschlechtsorgane, soweit sie Anpassungen erkennen lassen.

Das Herz

Das Herz der Vögel besteht aus vier Kammern genauso wie bei Säugetieren: Es gibt zwei völlig voneinander getrennte Vorkammern und zwei ebenso getrennte Kammern. Die Vorkammern nehmen das Blut auf und geben es in die zugehörigen Kammern ab. Die linke Kammer pumpt es dann in den Körperkreislauf, die rechte in den Lungenkreislauf. Dementsprechend ist die linke Hauptkammer viel stärker ausgebildet als die rechte. Die roten Blutkörperchen, die Erythrozyten, sind ovale Scheibchen, die immer einen Kern haben, während er beim Säugetierblut während der Entwicklung ausgeschieden wird.

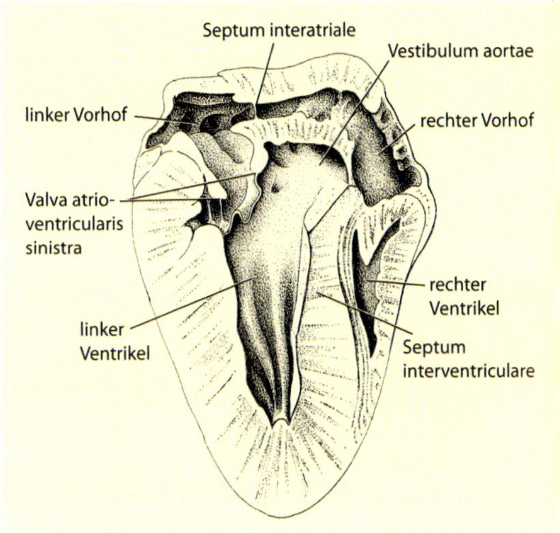

Schnitt durch das Herz eines Vogels. Die linke Hauptkammer (Ventrikel) ist viel stärker ausgebildet als die rechte. Die Segelklappen (Valvae) trennen jeweils Vorkammer und Hauptkammer. Auch die Vorkammern sind durch ein schmales Septum (S. interatriale) voneinander getrennt (aus Wink 2014).

Ein Vogelherz ist grundsätzlich 50 bis 100 % größer angelegt als das eines gleich großen Säugers. Die Herzschlagfrequenz ist von der Vogelgröße abhängig: je kleiner desto schneller. Bei einem Kolibri liegt sie über 1000 pro Minute, bei einem Truthahn bei 93. Kleine Vögel haben auch relativ mehr Blut als große. Der Blutdruck liegt mit ca. 180/149 mm Hg (Quecksilber) relativ hoch (Mensch 120/80). Dazu gesellt sich die hohe Körpertemperatur (s. S. 48). All das ist an die intensiven Leistungen angepasst, die von einem fliegenden Vogel verlangt werden.

Vom Mund zum Darm: der Verdauungstrakt

Leber, Bauchspeicheldrüse, Niere und viele andere innere Organe und Funktionen des Vogels weisen dem Anschein nach keine vogeltypischen Besonderheiten auf, die man durchschauen müsste, um den Vogel als

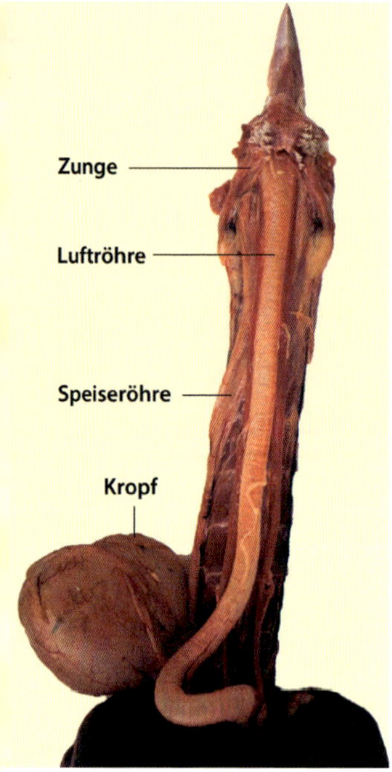

Anatomie des Halses bei einem Auerhahn

Ganzes zu verstehen. Aber es gibt einige innere Besonderheiten, die für manche Vogelgruppen oder für alle Vögel bezeichnend sind und ihre besondere Anpassung erkennen lassen.

Die Zähne im Mundraum samt der den Kopf belastenden Kaumuskulatur haben sich die Vögel eingespart. Anstelle dessen ist der mit dünner Hornschicht bedeckte Schnabel mit seiner Innenausstattung an Leisten, Zähnelung, Filterapparat oder sonstigen Strukturen zur „Hand des Vogels" geworden. Die Funktion des Kauens ist in den Magen verlegt (s. u.).

Bevor die Nahrung heruntergeschluckt und durch die Speiseröhre in den Magen transportiert wird, kann sie erst noch im Mundraum aufbewahrt werden. Hierzu gibt es bei manchen Rabenvögeln unter der Zunge am Mundboden einen dehnbaren Sack, der Schlund- oder Sublingualtasche genannt wird. Hierin heben diese Vögel Nahrung auf, die transportiert und versteckt oder zu den Jungen gebracht werden soll. Tannen- und Eichelhäher (s. S. 59), beide ebenfalls Rabenvögel, nehmen darin Zirbelnüsse, Haselnüsse und Eicheln auf, die sie wegtragen und im Boden verstecken wollen. Näheres zur Vorratshaltung siehe S. 59 ff. An den Mundraum schließt sich die Speiseröhre an. Um größere Nahrungsbrocken transportieren zu können, ist sie gefaltet, dehnbar und mit glatter Muskulatur ausgestattet.

Kurz bevor sie den Magen erreicht, ist die Speiseröhre bei manchen Vögeln seitlich zu einem ebenfalls dehnbaren und verschließbaren Beutel erweitert, der Kropf genannt wird. Von außen erkennt man die Füllung des Kropfes bei Tauben und Greifvögeln, ebenso bei körnerfressenden Singvögeln, schon an einer Ausbeulung des unteren Halses. Hier wird Nahrung aufbewahrt, aufgeweicht und vorverdaut, die noch nicht in den Magen aufgenommen werden kann, oder solche, die bei der Fütterung bald wieder abgegeben werden soll. Tauben und Flamingos produzieren im Kropf eine nährstoffreiche Kropfmilch, in der vor allem Proteine und Fette enthalten sind. Damit werden die Nestjungen gefüttert, bevor sie andere Nahrung bekommen.

Der Vogelmagen ist zweiteilig. Der erste Teil, der Drüsenmagen, ist sackartig und bildet Salzsäure und Pepsin, das im sauren Milieu Proteine abbaut. Der zweite Teil hat eine muskulöse Wand und wird deswegen Muskelmagen genannt. Er ist innen mit einer stabilen Reibplatte aus Koilin ausgekleidet, einer hornartigen Schicht, die gelegentlich erneuert wird. Was der zahnlose Vogel im Mund nicht leisten kann, wird bei vielen Vögeln im Muskelmagen bewerkstelligt: Er wird zum Kaumagen. Hier wird die aufgenommene Nahrung zu Brei zerrieben. Dabei wirken Magensteinchen mit, die der Vogel aufnimmt und immer wieder ersetzt. Beim Habicht und anderen ausgesprochenen Fleischfressern unter den Vögeln fehlt die Kaufunktion des Magens. Auch der ameisenfressende Grünspecht hat einen sackartigen Magen ohne Magensteinchen.

Im Zwölffingerdarm werden dann die Sekrete der Bauchspeicheldrüse (Pankreas) zugeführt, die Proteine, Kohlenhydrate und Fette abbauen. Die Gallenflüssigkeit, die von der Leber ausgeschieden wird, kann in der Gallenblase gespeichert werden, die aber nicht bei allen Vögeln vorhanden ist. Sie dient dazu, die Fette im Darm zu emulgieren, das heißt zu kleinen Tröpfchen zu zerlegen, sodass sie leichter für das fettverdauende Enzym Lipase zugänglich sind.

Die Blinddärme

Vögel haben zwei Blinddärme, die am Übergang vom Dünndarm zum Dickdarm einander gegenüber münden. Sie sind bei fleischfressenden Vögeln unbedeutend und kurz, bei Pflanzenfressern jedoch begleiten sie teilweise den Darm auf lange Strecken und bis zu seinem Ende. Bei Raufußhühnern, die sich den Winter über von Nadeln der Koniferen ernähren, sind sie besonders stark ausgebildet. Hier werden Stoffe wie Zellulose und Hemizellulose, die Skelettsubstanzen der Pflanzenzellen, durch Gärung mithilfe von Mikroorganismen abgebaut. Ohne diese Möglichkeit wären die Hühner im Winter zum Verhungern verurteilt (Näheres s. S. 135). Der stark riechende Blinddarmkot wird meist einmal am Tag als zähflüssige Masse abgegeben. Ein Teil des Inhalts wird als Kultur für die weitere Tätigkeit in den Blinddärmen zurückgehalten.

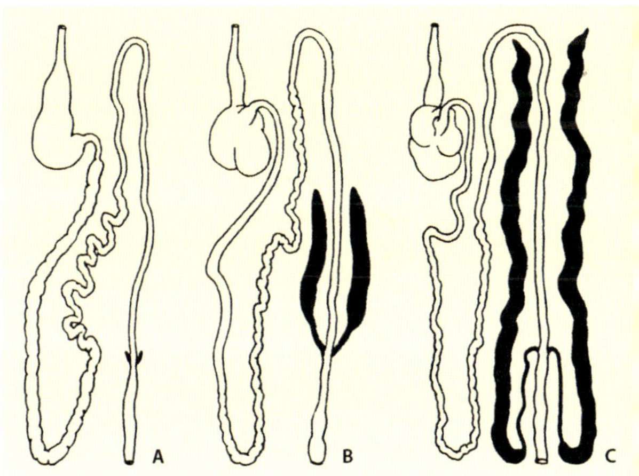

Anpassung der Blinddärme: **A** Habicht als Fleischfresser, **B** Haushuhn als Allesfresser, **C** Raufußhuhn als hochspezialisierter Pflanzenfresser (aus Bergmann 1987).

Geschlechterunterschied: Die weibliche Kohlmeise hat einen schmalen, ungleichmäßigen Bruststreif.

Bei der männlichen Kohlmeise ist der Bruststreif breit und zieht sich bis in den Unterschwanz.

Die Geschlechtsorgane

Bei vielen Vögeln kann man die beiden Geschlechter äußerlich nicht unterscheiden. Es gibt nur wenige ursprüngliche Vogelgruppen, bei denen im männlichen Geschlecht ein Penis vorhanden ist: Strauße, Gänse, Enten. Bei den Hühnervögeln gibt es nur einen rudimentären Penis. Ansonsten ist man auf physiologische Messgrößen angewiesen, wenn man das Vogelgeschlecht bestimmen will: Man muss die Hormonkonzentrationen im Blut messen oder genetische Methoden verwenden. Männchen sind anders als bei Säugetieren homogametisch, das heißt, sie haben zwei identische Geschlechtschromosomen (ZZ), Weibchen sind heterogametisch und haben WZ. Man kann das in den Banden der PCR ablesen (polymerase chain reaction, Polymerase-Kettenreaktion).

Der Forscher kann jedoch an einem toten Vogel die Gonaden untersuchen, die männlichen oder weiblichen Keimdrüsen. Er öffnet dazu mit einer Schere linksseitig den Bauch, schiebt Magen und Därme beiseite

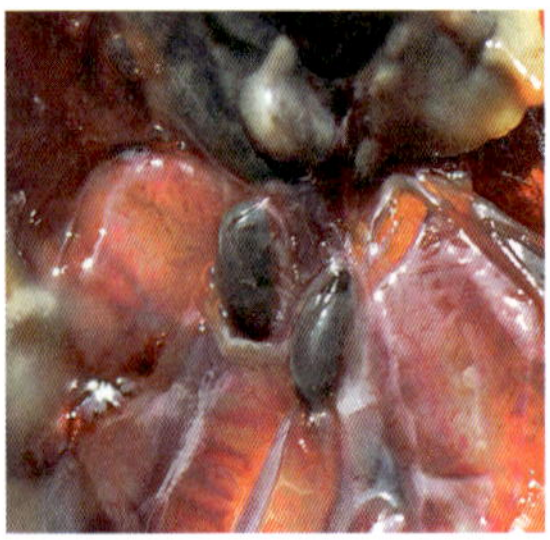

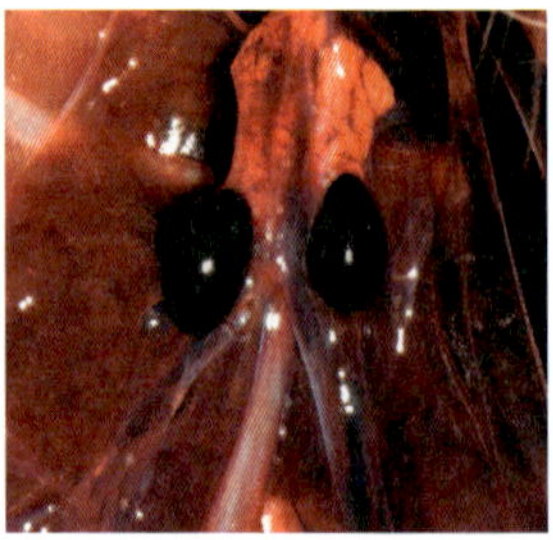

Links: Die aktiven Hoden der Amsel sind bohnenförmig und etwas pigmentiert. Meist ist der linke (rechts) etwas größer als der rechte. Rechts: Beim Waldkauz sind die Hoden gleichgroß und stark pigmentiert.

und legt die Rückseite des Bauchraums mit den Nieren frei, die in Aushöhlungen des Synsacrums eingefügt sind. Auf dem kopfnächsten Nierenlappen liegt bei einem Weibchen auf der linken Körperseite das Ovar, das die Eizellen enthält. Die beiden kugeligen oder eiförmigen Hoden bei einem Männchen liegen mehr zur Mitte hin nebeneinander. Um Platz und Gewicht zu sparen, ist das rechte Ovar bei den meisten Vögeln gar nicht ausgebildet, der rechte Hoden ist häufig kleiner als der linke. Beide Geschlechtsorgane und auch die zur Kloake führenden Gänge sind im Frühjahr zur Fortpflanzungszeit stark vergrößert, zu anderen Jahreszeiten und besonders bei den nicht geschlechtsreifen Jungvögeln sind sie häufig sehr klein und nur mit der Lupe zu erkennen. Als Forscher kann man die Gonaden auch von außen inspizieren, indem man unter lokaler Betäubung einen kleinen Schnitt an der Seite des Vogels macht und hier Einblick in das Innere nimmt. Das Verfahren wird Laparotomie genannt. Der Schnitt heilt schnell und komplikationslos.

Im Juni ist das Ovar des Grünspecht-Weibchens schon in Rückbildung. In jedem der etwa 2 mm großen Follikel liegt eine unbefruchtete Eizelle: Vorrat für die Zukunft.

Die Jugenddrüse

Vielen Jungvögeln kann man ihr Alter äußerlich im ersten Herbst und Winter am Gefieder nicht mehr ansehen. Hat man einen toten Jungvogel in der Hand, so kann man durch Sektion oberhalb des Enddarms eine Drüse finden, die zum primären lymphatischen System gehört. In dieser Bursa Fabricii, die es nur bei Vögeln gibt, werden während der Jugendentwicklung B-Lymphozyten gebildet, die für die Produktion von Antikörpern zuständig sind. Diese Drüse wird aber im Lauf der Jugendentwicklung zurückgebildet. Sie ist also ein Jugendmerkmal des Vogels. Ihre Aufgabe fällt später der Milz zu. Die Bursa Fabricii erreicht bei der jungen Stockente im Spätherbst noch eine Länge von ca. 25 Millimetern, maximal ca. 40 Millimetern, scheint aber nach der Jahreswende allmählich abzunehmen. Vögel verfügen im Allgemeinen über einen guten Infektionsschutz. Verletzungen heilen schnell und unkompliziert.

Salzdrüsen

Zu hohe Konzentrationen von Natrium- und Chloridionen (Kochsalz) im Organismus sind für die Vögel auf Dauer genauso gefährlich wie für den Menschen. Die meisten Meeresvögel müssen das aufgenommene Salz ausscheiden, entweder über die Nieren oder unter Zuhilfenahme von Salzdrüsen am Kopf. Näheres dazu s. S. 67.

Warum dem Vogel die Füße nicht erfrieren

Zu unserem Erstaunen sehen wir Gänse, Enten, Schwäne und Möwen, aber auch Kormorane und Reiher im Winter häufig stundenlang auf blankem Eis oder im Schnee stehen; viele schwimmen auch mit nackten Füßen im eiskalten Wasser. Unter diesen Bedingungen würden uns Menschen die Füße erfrieren oder wir würden wenigstens vor Kälteschmerz schreien. Dabei haben Vögel fast immer eine nach unserem Verständnis sogar noch erhöhte innere Temperatur. Ihre Körperkerntemperatur beträgt durchschnittlich 40 bis 42 °C , manche können aber auch mehr als 44 °C erreichen, ohne Schaden zu nehmen. Der Unterschied zur kalten Außentemperatur ist umso größer. Bei Körpertemperaturen über 46 °C droht ihnen allerdings der Fiebertod. Im Zusammenhang mit der Temperatur haben Vögel allgemein einen zwanzig- bis dreißigmal höheren Energieumsatz als Säugetiere gleicher Größe. Je kleiner ein Vogel ist, desto mehr Energie verbraucht er, wenn man auf einen Vergleichswert pro 24 Stunden und pro Kilogramm Körpergewicht umrechnet. Kommt ein Kasuar bei 18 kg Gewicht mit 29,3 kcal aus, benötigt der Anna-Kolibri bei 4 Gramm Körpergewicht 1410 kcal pro Kilo in 24 Stunden, das ist das 50fache. Ein kleiner Vogel benötigt dementsprechend relativ gesehen das Vielfache an Nahrung, um seine Körpertemperatur zu halten. Wenn man einen von Halsbandschnäppern bewohnten Nistkasten während der Brutzeit um 2,5 Grad erwärmt, haben die ausfliegenden Jungen eine bessere Kondition. Die Vögel können also von der Außenwärme profitieren.

Der Stockerpel kann lange mit nackten Füßen auf dem Eis stehen, ohne Frostschäden zu riskieren.

Wärmetausch im Gegenstrom

Flügel und Beine müssen wie andere Organe ständig durchblutet werden, damit sie mit Sauerstoff und Nährstoffen versorgt werden und gleichzeitig Kohlendioxid und andere Abbauprodukte beseitigt werden können. Der gesamte Stoffwechsel benötigt aber auch Wärme. Das Blut als hauptsächliches Transportsystem führt also durch die Arterien Wärme aus dem Körperkern mit sich nach außen. Durch die Venen wird es wieder körperwärts gebracht, hat aber dann Wärme verloren und Inhaltsstoffe und Gase ausgetauscht. Der Vogel muss dafür sorgen, besonders durch die Beine und nackten Füße nicht zu viel Wärme zu verlieren. Das gilt entsprechend auch für das Auge, den Schnabel und andere exponierte Körperstellen außen am Körper.

Wie funktioniert diese Wärmeökonomie? Sowohl an die Beinarterie als auch an die entsprechende Vene wird im oberen Teil des Beines je ein Wundernetz dünner verzweigter Gefäße angeschlossen, die in nahem Kontakt miteinander verlaufen. Wird das Blut mittels Kontraktion von Ringmuskeln durch diese Verzweigungssysteme geleitet, findet hier über die große Oberfläche der vielen Gefäße ein Wärmetausch statt. Die Wärme wird aus den arteriellen in die venösen Gefäße übernommen. Das arterielle, in den Fuß laufende Blut wird dabei gekühlt, das venöse, körperwärts laufende angewärmt. All das geschieht nur durch äußerlichen Kontakt der dünn-

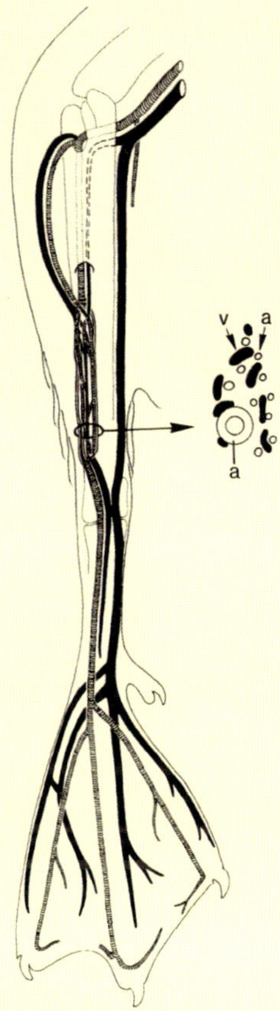

Am Bein der Möwe gibt es einen Wärmetauscher. Grau: Arterie (a), schwarz: Vene (v) (verändert nach Midtgård 1986).

Auch dem Kormoran macht die Kälte des Eises unter den Füßen nichts aus.

Aufgeplusterte Wacholderdrossel in einem Schneeballstrauch, wo sie im Winter auch Nahrung zur Verfügung hat.

Der Löffler steht auf einem Bein und hält das andere angezogen im Gefieder verborgen.

wandigen Gefäße. Die Blutströme in den Gefäßen bleiben getrennt. Hier funktioniert also ein Kompromiss: Der Fuß wird mit Blut versorgt, aber von der Wärme wird gleich mal ein Teil zurückgehalten. Ähnlich funktioniert der Wärmetauscher für den Schnabel und die Augen. Das hinter dem Auge liegende Wundernetz kühlt aber auch gleichzeitig das Gehirn um ein halbes Grad. Bei fossilen und jetzt lebenden Hühnervögeln hat man ein eigenes Schläfenfenster im Schädel als Zugang für eine Vene vom Wundernetz des Auges zum Gehirn entdeckt; die Vene soll bei der Temperaturregulation im Gehirn beteiligt sein. In Australien ist bei mehreren Vogelarten entdeckt worden, dass sich ihre Schnäbel in den vergangenen Jahrzehnten um bis zu 10 % verlängert haben. Das sollte bei steigenden Temperaturen bessere Wärmeabgabe über den Schnabel ermöglichen. Vögel können aber auch umgekehrt 12 % Wärme einsparen, wenn sie den Kopf mit dem Schnabel in das Rückengefieder oder unter den Flügel stecken. Zusätzliche Körperwärme in der Muskulatur können sie bei Bedarf durch Kältezittern produzieren. Der Wärmetauscher im Bein kann abgeschaltet

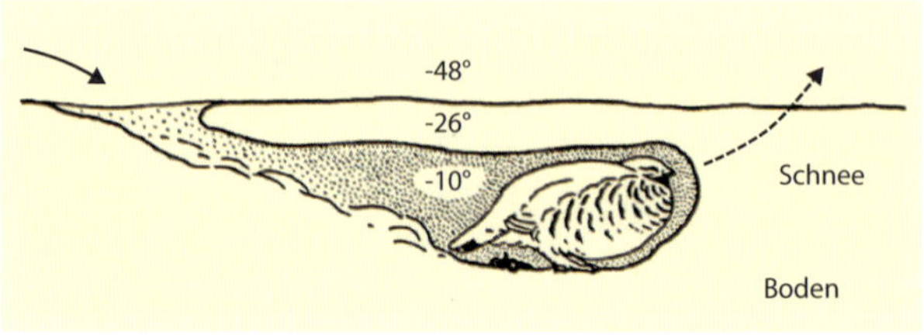

Das Haselhuhn übernachtet in der selbst gegrabenen Schneehöhle, die nur einmal benutzt wird. Sie wird am Eingang mit Schnee verschlossen. Morgens bricht das Huhn durch die Decke nach oben durch (verändert nach F. Müller).

Bei starkem Frost ruhen die Stockenten mit angezogenen Beinen auf dem Eis.

werden, wenn der Körper zu warm ist. Dann wird Wärme über die Arterien nach außen abgeführt. Man kann das daran spüren, dass ein Vogel an heißen Tagen warme Füße hat, bei kühlen Temperaturen aber kalte. Das Gleiche gilt für den Schnabel.

Bei wirklich sehr großer Kälte kann ein Vogel zum Äußersten greifen. Ein Entenvogel lässt sich dann auf seine Unterseite nieder und zieht die Füße ins Gefieder ein. Zwischen seinem Körper und dem Eis oder Schnee liegt eine dicke lufthaltige und isolierende Federschicht. Er steckt den Schnabel ins Gefieder und hält die Augen geschlossen. Alle nackten Hautstellen werden auf diese Weise gegen Wärmeverlust abgeschottet. Kraniche fliegen normalerweise mit lang ausgetreckten Beinen. Aber bei großer Kälte ziehen sie selbst im Flug die Füße ein. Ihr Flugbild wirkt dann merkwürdig kurz. An arktische Kälte angepasste Vögel wie Raufußhühner benutzen noch ganz andere Methoden. Sie graben sich jeden Abend in lockeren Schnee ein und übernachten in einer Schneehöhle, die sie morgens wieder verlassen. In der Höhle speichern sie Wärme. Der Schnee isoliert gegen die Nachtkälte draußen. Ähnliches Verhalten ist sogar bei einer Weidenmeise in der Arktis gefunden worden.

Bei großer Hitze hechelt die Graugans mit leicht geöffnetem Schnabel.

Was tun gegen die Hitze?

Bei großer Hitze muss sich der Vogel kühlen. Er kann das nicht durch Schwitzen tun, wie es bei Säugetieren geschieht. Schon eine bessere Durchblutung der Körperschale führt aber zum vermehrten Abfließen von Wärme durch die Haut. Ähnlich wirkt eine innere Temperaturerhöhung des Vogels: Durch leichtes „Fieber" wird der Wärmeunterschied nach außen erhöht. Durch geeignete Stellung der Federn kann dies noch gefördert werden. Viele Vögel öffnen bei Hitze auch den Schnabel und atmen beschleunigt, was man Hecheln nennt. Dadurch wird vermehrt kühlendes Wasser im Mundraum verdunstet. Pelikane, Kormorane und einige andere Vögel setzen zusätzlich ein Kehlflattern ein, was diesen Effekt noch verstärkt. Einen besonderen Trick haben sich Störche einfallen lassen. Sie lassen ihren frischen wasserhaltigen Kot auf ihre Beine fallen, der dann dort verdunstet und Wärme entzieht. Dabei bleibt weiße Harnsäure zurück, die auch noch Licht reflektiert.

Kältestarre in der Not

Mauersegler sind als Dauerflieger und Insektenfresser, die sich vom Luftplankton ernähren, tagsüber und das ganze Jahr über auf ständige Zufuhr von Nahrung angewiesen. Ein mehrtägiger Kaltlufteinbruch zur Brutzeit in Mitteleuropa bedeutet für die Altvögel genauso wie für die heranwachsenden Jungen im Nest eine große Gefahr zu verhungern. Die Altvögel können es sich leisten, einer Kaltluftfront über Hunderte von Kilometern fliegend auszuweichen. Die an den Ort gebundenen Nestjungen dagegen bedienen sich einer anderen Strategie. Wenn sie hungern müssen, senken sie ihre Körpertemperatur auf bis zu 18 °C ab und verfallen in eine Kältelethargie. Man nennt diesen Zustand auch Torpor. Auf diese Weise wird der Energieverbrauch stark eingeschränkt und die Jungen können eine Schlechtwetterphase von einigen Tagen überleben. Auch die Altvögel setzen im Notfall dieses Verfahren ein. Selbst Rauch-, Mehl- und Uferschwalben verfügen darüber. Ganz ähnlich überdauern Nachtschwalben eine Hungerperiode während der Brutzeit. Sie senken von Tag zu Tag zunehmend ihre Körpertemperatur auf bis etwa 20 °C ab. Sie sitzen dann unbeweglich am Boden und reagieren nicht auf Störungen. Nur um die Zeit des Sonnenuntergangs und des Sonnenaufgangs wachen sie kurzfristig aus ihrem Kälteschlaf auf. Ist dann wärmeres Wetter eingetreten, begeben sie sich wieder auf die Jagd nach fliegenden Großinsekten. Ähnlich verhalten sich Kolibris in den Hochanden. Sie müssen allerdings bei ihrem Körpergewicht von wenigen Gramm jede Nacht in Torpor verfallen, um die nahrungslosen Stunden zu überstehen. Sie senken dann ihre Körpertemperatur bis auf 18 °C, ihr Stoffwechsel wird auf 10 %

Die Nachtschwalbe gehört zu den wenigen Vögeln, die im Notfall in Kältelethargie fallen und so Schlechtwetterphasen überdauern können.

seines Normalwertes verringert. Sie sind dann so bewegungsstarr, dass man sie vom Zweig abpflücken kann, auf dem sie sich niedergelassen haben. Man könnte sagen, sie seien wechselwarm wie eine Eidechse. Das trifft aber nicht zu, weil sie tagsüber ihre Körpertemperatur auf einem hohen Niveau regulieren, nachts aber auch dafür sorgen, dass sie nicht unter 18 °C auskühlen.

Große Kälte bringt die fliegenden Kraniche dazu, die Beine ins Bauchgefieder einzuziehen.

Viele Säugetiere überstehen die kalte Jahreszeit in Winterruhe oder Winterschlaf. Bei Vögeln neigte man schon seit der Antike, über das Mittelalter hin und bis weit in die Neuzeit hinein ebenfalls zu der Annahme, dass Vögel in abgelegenen Gebieten, im Wasser oder Schlamm den Winter verbringen und im Frühjahr wieder auftauchen. Noch gegen Ende des 18. Jahrhunderts hat man lebende Schwalben unter Wasser getaucht, um nachzuweisen, dass sie dort auch überwintern könnten. Sie waren dabei natürlich binnen kürzester Zeit ertrunken. Erst spät setzte sich die allgemeine Überzeugung durch, dass Vögel zum Winter in warme Gebiete abwandern und im Frühjahr zurückkehren. Winterschlaf stellt bei ihnen eine Ausnahme dar. In der kalifornischen Wüste gibt es einen Verwandten der bei uns heimischen Nachtschwalbe, die Winternachtschwalbe, die nach ihren Rufen Poorwill genannt wird. Dieser Vogel kann im Winter in einen mehrmonatigen Winterschlaf verfallen, bei dem sich seine Körpertemperatur von 41 auf 18 °C oder noch darunter absenkt. Er sitzt dann unbeweglich an einem Ruheplatz in den Felsen. Er weist keine Pupillenreaktion mehr auf, die Herztöne sind kaum zu spüren und ein vor den Schnabel gehaltener Spiegel beschlägt nicht. In drei Monaten solcher tiefen Kältelethargie verliert er nicht mehr als 10 Gramm seines Körpergewichts von circa 45 Gramm.

Nahrung für den Vogel

Nahrung, Futter und Ernährung

Jeder Vogel braucht Nahrung. Er benötigt sie, um nicht zu verhungern, auch um eventuell noch zu wachsen. Man spricht im ersten Fall vom Betriebsstoffwechsel und im zweiten vom Baustoffwechsel. Was er normalerweise zu sich nimmt, das kann man schon seinem Schnabel ansehen. Greifvögel und Eulen haben spitze gebogene Schnäbel, Eisvögel haben dolchförmige Schnäbel, bei Körnerfressern sind sie kegelförmig.

Die junge Graugans sucht sich die proteinreichste Blätternahrung heraus.

Nahrung, die ein Vogel sammelt, um sie an einen Partner oder an Jungvögel weiterzugeben, wird zum Futter. Sperlinge sind das Jahr über Allesfresser, aber wenn sie Futter für ihre Jungen sammeln, konzentrieren sie sich auf Insekten und andere Kleintiere. Das in dieser Beute enthaltene Protein und Fett ist für die wachsenden Jungen zuträglicher und besser verdaulich. Wenn im Winter der Mensch an einem Futterplatz Sonnenblumenkerne auslegt, füttert er die Vögel und präsentiert ihnen auf diese Weise Futter. Für die Vögel selbst ist das Futter Nahrung, solange sie nicht damit wieder andere füttern.

Vögel nehmen entweder pflanzliche oder tierische Nahrung zu sich oder sie sind Allesfresser. Je nachdem, welche Nahrung sie bevorzugen, müssen sie auch ihren Nahrungserwerb betreiben, ebenso auch ihre Nahrungbearbeitung und ihre Nahrungsverwertung. An ihre Vorzugsnahrung sind sie vielfältig angepasst.

Pflanzliche Nahrung

Blätter als Mangelnahrung

Grüne Blätter gibt es in großen Mengen in der Natur. Aber nur wenige Vögel sind Blattfresser. Die Ernährung von grünen Blättern stellt besondere Anforderungen. Blätter enthalten nur wenig verdauliche Stoffe. Gänse und Pfeifenten, die sich von Blättern der Gräser und Kräuter ernähren, benötigen viel Nahrung und müssen zeitweise den ganzen Tag über fressen. Sie nehmen am liebsten die Blätter jung sprossenden

Grases oder anderer Pflanzen, weil darin noch ziemlich viel Protein enthalten ist, das in Form von Enzymen die Entwicklung der Pflanze steuert. Dennoch verdauen sie die Nahrung nur sehr oberflächlich und scheiden die meisten aufgenommenen Nahrungsbestandteile schon nach einer Stunde schnell wieder aus. Sie können es sich auch gar nicht leisten, während des Fluges große Mengen aufgenommener Nahrung im Magen und Darm mitzuschleppen.

Älteres pflanzliches Gewebe besteht vorwiegend aus Skelettelementen wie Zellulose und Hemizellulose. Es liefert wenig Proteine, Fette und lösliche Kohlenhydrate. Man spricht dann davon, dass das Gras aus Rohfaser besteht und nicht sehr nahrhaft ist. Manche Weidetiere wie Pferde und Esel können damit jedoch gut zurechtkommen. Ist das etwas für einen Vogel? Raufußhühner haben besonders lange Blinddärme (s. S. 45), in denen sie mithilfe von Mikroorganismen Zellulose und Hemizellulose abbauen können, also die sonst unverdaulichen Skelettsubstanzen der Pflanzen. Auerhühner schaffen es sogar, von den harten und harzreichen Nadelblättern der Kiefern und Fichten den ganzen Winter über zu leben. Ihre Küken müssen anfänglich viele Insekten und andere Kleintiere zu sich nehmen, gehen aber dann bald zu pflanzlicher Ernährung über. Jungvögel, die in menschlicher Obhut aufwachsen und nur proteinreiche Pelletnahrung erhalten, bilden ihre Blinddärme nicht genügend groß und qualitätvoll aus. Man erkennt das daran, dass sie zu wenig Blinddarmkot abgeben. In ihrer Mikroflora in den

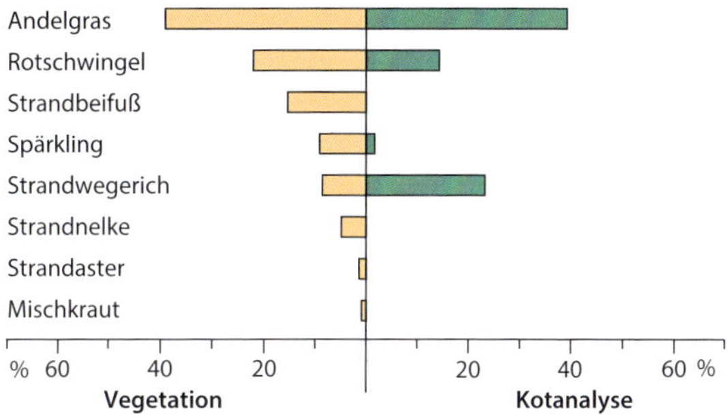

In der Salzwiese bevorzugen Ringelgänse im Frühjahr das Andelgras und den Strandwegerich als Nahrung. Strandbeifuß mit seinem herben Geruch und Geschmack wird nicht angerührt. Links: das Angebot; rechts: Was wird gefressen?

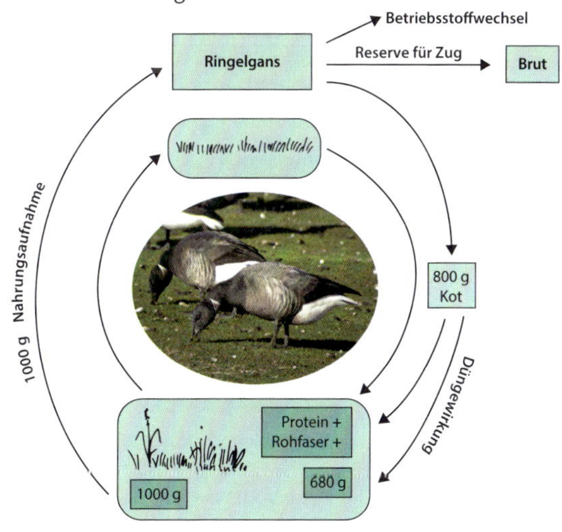

Auf 1000 Gramm Gras, welches die Ringelgänse fressen, geben sie 800 Gramm Kot an den Boden zurück, der eine zusätzliche Düngewirkung von 680 Gramm mit sich bringt. Das nachwachsende Gras enthält außerdem mehr Protein und Rohfaser, als wenn es nicht gedüngt würde.

Der Schnabel des Kernbeißers kann leicht die Samen aus den Beerenzapfen der Eibe knacken.

Blinddärmen fehlen wichtige Mikroorganismen für eine vollständige Verdauung. Umgekehrt sind sie mit Bakterien belastet, die als pathogen gelten, das heißt gesundheitsschädlich sind. In die Natur entlassen, müssen solche Vögel wegen der unzureichend entwickelten und ausgestatteten Blinddärme verhungern, sobald sie auf reine Nadelnahrung angewiesen sind.

Samen und Früchte – das bessere Brot

Viele Pflanzen sind bemüht darum, ihre Nachkommen mit einem Vorrat aus Proteinen, Kohlenhydraten und Fetten auszustatten, sodass diese, wenn sie keimen, auf Reserven zurückgreifen können. Für Tiere ergibt sich daraus eine vielfältige Chance der Ernährung. So mühsam es für sie ist, sich von Blättern zu ernähren, so sehr begrüßen sie das pflanzliche Angebot an nährstoffreichen Samen und Früchten. Für viele Pflanzen entsteht dabei die Gelegenheit, sich zu verbreiten und anderswo anzusiedeln. Misteldrosseln, die Mistelbeeren zu sich nehmen, scheiden mit dem klebrigen Kot die Samen der Mistel aus, die auf einem Baumast keimen können. Die Pflanze bedient sich der Mobilität des Vogels.

Kraniche auf dem Maisacker. Jung- und Altvogel (links) halten dicht zusammen. Der Jungvogel lernt die Nahrung kennen.

Eine Walnuss ist eine Frucht, in der außer dem Keimling ein stark gefaltetes doppeltes Keimblatt liegt, das voller Kohlenhydrate und Fettsubstanzen steckt. Die harte Nussschale dient der Abwehr von Interessenten, die sich den Inhalt zunutze machen möchten. In der Tat gibt es noch eine Menge von anderen Nussfreunden. Auch wir Menschen essen Walnüsse gern, um unsere Ernährung zu bereichern. Allen Beteiligten stellt sich aber die Frage, wie sie mit der harten Schale umgehen können. Rabenvögel verschieben manchmal das Problem. Sie verstecken Nüsse im Boden. Wenn sie sie dann später nicht wieder aufsuchen und verbrauchen, kann die Nuss sogar im Boden keimen und zu einem neuen Baum auswachsen. Die Schale muss den Keimling während der Lagerzeit auch gegen Feuchtigkeit und Befall schüt-

Die Krähe fliegt mit der Nuss hoch, um sie über hartem Untergrund fallen zu lassen.

zen. Im Frühjahr springt sie an der Naht auseinander, die ihre zwei Teile verbindet. Dann kann der Keimling Wurzeln schlagen und mit dem Wachstum beginnen, wohl versehen mit den Reserven in den Keimblättern. Ein Rabenvogel muss aber früher zugreifen, um die nährstoffreiche und schmackhafte Nuss zu nützen.

Wie Rabenkrähen mit Nüssen umgehen

Rabenkrähen machen sich meist nicht die Mühe, Walnüsse mit dem Schnabel aufzuhacken. Sie nehmen eine Walnuss in den Schnabel, fliegen damit in die Höhe und lassen sie dann über einer Straße oder einem anderen harten Untergrund fallen. Ähnlich machen es Silbermöwen mit Miesmuscheln, die sie nicht mit dem Schnabel öffnen können. Man benennt das Verfahren mit einem englischen Begriff „shell dropping". Das begehrte Objekt fällt, wenn es von der richtigen Höhe aus abgeworfen wird, mit lautem Geräusch auf den Untergrund und springt auf. Wenn es unversehrt bleibt, macht der Vogel einen neuerlichen Versuch oder mehrere. Tinbergen hat einmal gesehen, wie eine junge Silbermöwe es 39-mal nacheinander versuchte, eine Muschel auf diese Weise zu öffnen – leider über einem zu weichen Untergrund. In Japan, aber auch schon in Deutschland hat man gesehen, dass Krähen sich befahrene Straßen aussuchen, wo die Kraftfahrzeuge die Nüsse zerfahren. Dort müssen sie sie auch nicht abwerfen, sondern nur deponieren. Ruht der Verkehr, beispielsweise bei einer Fußgängerampel, die auf Rot schaltet, gibt es Gelegenheit für die Krähe, den Inhalt der zertrümmerten Nuss aufzupicken.

Rabenkrähen sind aber auch in der Lage, eine Nuss auf einem Dach zwischen den Ziegeln des Firstes einzuklemmen und dann aufzuhacken. Auch unter Dohlenruheplätzen findet man halbierte Walnussschalen.

Dohlen fliegen ebenso wie Elstern und Rabenkrähen fruchtende Walnussbäume an, um dort die Früchte zu ernten und mitzunehmen. Sie schaffen es offenbar auch, eine Walnuss mit dem Schnabel zu öffnen. Saatkrähen verstehen es ebenfalls, sich die Walnüsse zu öffnen. Sie hacken sie auf einem harten Untergrund auf. Sie können sogar ausgetrocknete Kuhfladen als Krähenschmieden benutzen. Nüsse werden von ihnen aber ansonsten häufig im Grünland vergraben. Erscheint währenddessen ein Artgenosse, unterbrechen die Vögel ihre Arbeit. Manchmal bemächtigt sich aber der Fremde der Nuss und vergräbt sie neuerlich an anderer Stelle. Auf die eine oder andere Weise leeren die Rabenvögel im Herbst die Nussbäume systematisch bis zur letzten Frucht.

Wie ist es zu dem Verhalten des Nussabwerfens gekommen? Diese Frage hat sich auch der Zoologe J. H. Reichholf gestellt. In den 1970er- und 1980er-Jahren ist das Verhalten bei Rabenkrähen an verschiedenen Stellen in München aufgetaucht. Es hat sich offenbar durch Nachahmungslernen ausgebreitet. Versuche der Vögel, auch Haselnüsse, Mandelkerne und Rosskastanien auf diese Weise zu öffnen, sind offenbar bald gescheitert – wie man sich gut vorstellen kann. Die erst im späteren Herbst zum Überwintern in München eintreffenden Saatkrähen haben sich das Fallenlassen der Walnüsse ebenfalls abgeschaut. Aber sie kommen erst so spät an, dass der Nussvorrat schon weitgehend verbraucht ist.

Spezialist Tannenhäher: Sparen auf Vorrat

Wenn es zu gewissen Zeiten im Jahr reichlich Nahrung gibt, zu anderen Zeiten aber wenig, kann man mit dieser Situation unterschiedlich umgehen. Man könnte zum Beispiel die Nahrung wechseln, je nach Angebot. Mönchsgrasmücken fressen im Sommer hauptsächlich Insekten und füttern damit auch ihre Nestjungen. Im Spätsommer wechseln sie dann zu den reifenden Beerenfrüchten, z. B. vom Holunder, können aber davon allein nicht existieren. Im mediterranen Überwinterungsgebiet bleiben sie weitgehend bei der Beerenkost, nehmen aber mit Wildem Wein, Efeu und anderen Angeboten vorlieb. Tierische Nahrung bleibt jedoch immer auf dem Speisezettel.

Wer als Spezialist solchen Wechsel nicht durchhalten kann, muss von der im Herbst reichlich reifenden Vorzugsnahrung genug aufheben, um damit über den Winter zu kommen. Tannenhäher sind ein solcher Fall. In den Gebirgen Europas und auch in Sibirien haben sie im Spätsommer die reifen Samen der Zirbelkiefern (Arven) zur Verfügung. Weil es Konkurrenten gibt, die sich auch bei den Zirbelkiefern bedienen, müssen sich die Beteiligten sputen, die Ernte einzufahren. Tannenhäher würden sich gern das ganze Jahr über von diesen nahrungsreichen und selbst für Menschen schmackhaften Samen ernähren, aber die Zapfen sind nach wenigen Wochen verbraucht. Deswegen ernten sie in der Zeit der Reife so viel sie können und vergraben die Samen in Verstecken im Boden, um sie später wieder herauszuholen. Für dieses Verfahren sind einige Vorbedingungen nötig: Das Erntegut muss in genügender Menge zur Verfügung stehen. Es darf im Bodenversteck nicht verderben. Es dürfen nicht zu viele Konkurrenten auftreten, die das Versteck erkennen und plündern. Das Versteck im Boden muss von seinem Besitzer wiedergefunden werden, auch wenn es unter Schnee verborgen ist. Eine genügend große Anzahl von Verstecken muss angelegt werden: Hiermit muss der Vogel den Winter überleben und noch seine Jungen im Frühjahr füttern. Ein Tannenhäher muss sich Tausende von Verstecken merken und diese auch bei veränderten Außenbedingungen wiederfinden. All dies klappt bei diesem Häher. Sogar noch mehr: Der Vogel leert nicht alle Verstecke, die er angelegt hat. Man sagt, er „vergisst" einige von ihnen. Unter günstigen Bedingungen können in diesen verbleibenden Verstecken die Samen der Zirbelkiefer keimen und neue Bäume bilden. Indem der Häher nicht alle Verstecke nutzt, trägt er zur Verbreitung und Verjüngung des Zirbenwaldes bei. Er managt auf diese Weise in den alpinen Bergwäldern seinen eigenen Lebensraum für die Zukunft. Die Zirbelkiefer kommt ihm in vieler Hinsicht entgegen: durch meist reichlich vorhandene, rechtzeitig reifende, stabil beschalte, nicht flugfähige, genügend große, wohlschmeckende und nährstoffreiche Samen, die leicht zu ernten sind. Als Ausweichnahrung verfügt der Vogel im Sommer über Insekten und andere Kleintiere, in den übrigen Jahreszeiten kann er in den tieferen Lagen auf Haselnüsse zurückgreifen, die er ebenso sammelt und als Vorrat nutzt.

Für den Tannenhäher spielen neben Zirbensamen auch Haselnüsse eine wichtige Rolle als Winternahrung.

Im Mittelgebirge gibt es keine Zirbelkiefern. Hier sind Tannenhäher ganz auf Fichten und Haselnüsse angewiesen. Die Bedeutung der kleinen Fichtensamen ist aber ungewiss. Möglicherweise sammeln die Vögel die ausgefallenen Samen am Boden oder auf der Schneedecke auf.

Auch Eichelhäher sammeln im Herbst Eicheln, Bucheckern und andere hartschalige Früchte, um sie zu verstecken und als Vorrat aufzuheben. Sie tragen damit nicht nur zur Vermehrung, sondern auch

Vor dem Versteckplatz in der niedrigen Vegetation: Der erste Kiefernsamen steckt schon in der Schnabelspitze.

Der Samen wird mit Kraft in das Bodenversteck gedrückt.

Ein Schlachtfeld: Hier haben die Häher zahllose Zapfen bearbeitet.

zur Ausbreitung der betreffenden Bäume bei. Dabei nutzen sie lokal auch Maronen, die Früchte der Edelkastanie. In dem kleinen Ort Saldenburg im Bayerischen Wald wurden vor etwa 100 Jahren zwei Edelkastanien gepflanzt. Weit und breit gab es keine weiteren Exemplare dieser Art. Heute findet man in der Umgebung mehr als 200 Edelkastanien in verschiedenen Altersstadien, die im Wesentlichen auf die Tätigkeit der Häher zurückgehen. Am weitesten ist ein Baum mit einer Distanz von 812 Metern von den Mutterbäumen entfernt.

Tannenhäher: Arbeit im Akkord

Im östlichen Sibirien bzw. im Fernen Osten Russlands tritt an die Stelle der Zirbelkiefer *Pinus cembra* oder ihrer hochgewachsenen Verwandten *Pinus sibirica* die Zwergzirbelkiefer *Pinus pumila*, die strauchförmig wächst und nur bis etwa 5 m Höhe erreicht. Sie hat kleinere Zapfen und kleinere Samen. Die dortigen Dünnschnäbligen Tannenhäher ernten im August die reifen Zapfen und tragen sie auf den Boden herab, wo sie die Samen entnehmen. Sie suchen immer wieder dieselbe Stelle auf, sodass sich dort massenweise Zapfenschuppen und die leeren Zapfenspindeln ansammeln. Zwischendurch suchen sie in der nahen Berg- oder Küstentundra eine Stelle, um die Samen zu vergraben. Sie sammeln durchschnittlich 85 Samen von 2,8 Zapfen im Kehlsack und verteilen diese auf 2,5 Bodenverstecke. In jedem Versteck deponieren sie 3 bis 67 Samen. Dann verschließen sie das Versteck und legen noch ein Stück Moos oder andere Tarnung obenauf. Während drei Wochen im Spätsommer ließ sich pro Häher und Tag eine Arbeitszeit von ca. 5 Stunden ermitteln, die sich auf eine morgendliche und eine nachmittägliche Aktivitätsphase konzentrierten. Während der Arbeit schlossen sie einen Erntevorgang an den nächsten an, sodass ihnen keine Zeit für Pausen oder Nahrungsaufnahme blieb. Nach den vorliegenden Daten hat jeder Häher in den etwa 20 Tagen der Erntezeit bis zu 100 000 Samen in den Boden gebracht. Das stimmt recht genau mit den Zahlen von Zirbensamen überein, die von europäischen Dickschnäbligen Tannenhähern in alpinen Zirbelkiefernwäldern geerntet werden. Dabei muss man allerdings berücksichtigen, dass die kleineren Samen von *Pinus pumila* nur etwa 44 % des Gewichts der Zirbensamen erreichen. So viel aber steht fest: Tannenhäher sind in der Erntezeit für die Sicherung ihrer Hauptnahrung zu täglicher konzentrierter und pausenloser Arbeit fähig. Ihre Sammelmotivation ist dann zeitweise stärker als ein mögliches Ruhebedürfnis und Hunger oder Durst.

Noch vor 100 Jahren ahnte man nichts von der systematischen Vorratswirtschaft und der überragenden Gedächtnisleistung des Tannenhähers und meinte, dass die Vögel die unter dem Schnee am Boden liegenden Samen der Zirbelkiefer und andere Nahrung mit ihrer feinen Geruchswahrnehmung wittern und dann ausgraben. Zapfen und Samen der Zirbelkiefer duften zwar, aber die abgefallenen Nadeln überall am Waldboden tun es genauso.

Tierische Nahrung

Tierische Nahrung steht der pflanzlichen gegenüber. In der pflanzlichen Nahrung gibt es häufig Speicherstoffe wie Stärke und Öle. Tiere als Beute enthalten von vornherein mehr Proteine und Fette und weniger Faserstoffe als pflanzliche Nahrung. Als Skelettsubstanz tritt aber bei Insekten und anderen Gliedertieren Chitin auf, das ebenso unverdaulich ist wie die Zellulose der Pflanzenzellen. Auch mit Knochen von Wirbeltieren können viele Greifvögel und Eulen nichts anfangen. Sie geben sie im Gewölle durch den Schnabel ab. Nur Bartgeier als Aasfresser nehmen Knochen zu sich und verdauen sie, wenn sie nicht Fleisch finden. Tiere, die sich von anderen Tieren ernähren, nennt man Räuber, Beutegreifer oder Prädatoren. Genau genommen müssen sich selbst Laubsänger, die winzige Blattläuse von Blättern und Zweigen aufpicken, diese Klassifizierung gefallen lassen. Es liegt nahe,

Der Zilpzalp findet schon die zarten Blattläuse auf den noch kahlen Bäumen.

Die Singdrossel hat eine Gehäuseschnecke erbeutet. Sie wird sie durch Schlagen auf einen Stein vom Gehäuse befreien.

Ein flacher Stein, mit Schneckenschleim beschmiert, ist von zertrümmerten Gehäusen der Schnirkelschnecken umgeben. Die Drosselschmiede wird von dem Vogel immer wieder verwendet.

dass die erbeuteten Tiere in der Regel kleiner sind als die Beutegreifer selbst. In der Tat ernähren sich die meisten Vogelarten vorwiegend oder ausschließlich von Gliedertieren wie Insekten, Spinnen und Krebsen sowie den zugehörigen Entwicklungsstadien. Ausgenommen davon sind große Beutegreifer wie Greifvögel, Falken und Eulen sowie die meisten Fischfresser. Sie benötigen zwar nicht so viele Beutestücke wie Insekten- und Kleintierfresser, haben es aber oft ausgesprochen schwer, ein Beutetier zu fangen. Ein Fischadler muss sich mit einer Erfolgsrate von etwa 20 % zufriedengeben, wenn er nach Fischen stößt. Auch Wanderfalken sind oft nur in etwa 20 % ihrer Fangversuche erfolgreich.

Beutetiere mit Schale

Viele Tiere schützen sich dagegen, erbeutet und gefressen zu werden, indem sie sich feste Außenskelette oder Schalen zulegen. Möwen und Rabenvögel durchbrechen solchen Schutz, indem sie auf die Schalentiere einhacken oder sie in die Höhe tragen und über festem Untergrund abwerfen, so dass die Schalen zerspringen. Auf diese Weise können selbst die Bewohner stabiler Schneckenhäuser und großer Muschelschalen erbeutet werden. Dasselbe Verfahren haben die Rabenvögel auch bei Walnüssen entwickelt (s. S. 57). Möwen werfen auch Seeigel ab und Einsiedlerkrebse, die in Schneckenschalen wohnen.

Auch Gehäuseschnecken wie die gebänderten Schnirkelschnecken und Verwandte verstehen es, sich gegen den Zugriff der Singvögel zu schützen. Bei den Drosseln versagt dieser Schutz. Singdrosseln suchen sich mit der gefundenen Schnecke im Schnabel einen flachen Stein am Boden aus und schlagen die Schnecke darauf, bis die Schale zerspringt und der Weichkörper für den Vogel zugänglich wird. Berühmt geworden sind die afrikanischen Schmutzgeier, die ein erbeutetes Straußenei öffnen, indem

Durchziehende Fischadler rasten oft im Binnenland, um dort Beute zu machen.

Hat er einen Fisch im Wasser entdeckt, geht der Adler in den Sturzflug über: die Risikophase.

Nach erfolgreichem Stoß fliegt er mit der Beute zum Horst oder zum Kröpfplatz.

sie einen Stein darauf schleudern. Hier ist die kompliziertere Technik des Werkzeuggebrauchs entstanden, die wir Menschen besonders hoch einschätzen (s S. 80).

Das Risiko des Beutefangs

Ein Sperber, der eine Amsel gefangen hat, zieht sich ins Gebüsch zurück und rupft sie dort im Verborgenen. Er muss ständig auf der Wacht sein, um dem Habicht und anderen Feinden zu entgehen, die ihn am Boden überraschen könnten. Der Wanderfalke hat die Deckung nicht nötig. Er bearbeitet seine Beute auf offenem Feld. Er ist stark genug, um dem Habicht nicht ohne Weiteres zum Opfer zu fallen. Beutegreifer gehen aber auch auf andere Weise Gefahren ein. Mancher Sperber ist schon beim rasanten Verfolgen einer Meise oder eines Sperlings bei einem Futterplatz mitsamt des von ihm gejagten Vogels an einer Fensterscheibe verunglückt (s. S. 134). Viele Bussarde und Eulen werden beim Fang einer Maus oder beim Fressen von Aas am Straßenrand von vorbeifahrenden Kraftfahrzeugen erfasst und getötet.

In der angesehenen englischen Ornithologie-Zeitschrift „British Birds" erschien in Band 61 (1968) das Foto eines mächtigen Karpfens im Fischernetz, der Skelettreste eines Fischadlers in seinem Rücken trug: Der

Adler hatte sich offenbar an dem großen Fisch vergriffen und war dann ertrunken. Der Fisch hatte mit dem verwesenden Greifvogel im Rücken dann noch eine Zeit lang überlebt, bis er gefangen wurde. Kurze Zeit später aber stellte sich heraus: Die Skelettreste stammten von einem Mäusebussard, mindestens einer der Füße war künstlich in den Fischrücken montiert worden und das Foto war eine Fälschung des Fotografen. Fischadler kann man hin und wieder sehen, wie sie beim Fischfang unter Wasser geraten, dann aber wieder auftauchen und mit oder ohne Fisch davonfliegen oder zum Ufer schwimmen. Das schließt nicht aus, dass doch mal ein Fisch- oder Seeadler ertrinkt, doch fehlen dafür bis heute klare Belege. Soweit der Bericht von E. Bezzel (2019), der zur Aufklärung des Falles wesentlich beigetragen hat.

Rabenvögel als Generalisten

Von den Rabenvögeln kennt man zahllose Formen des Nahrungserwerbs. Sie suchen hauptsächlich Nahrung am Boden, sammeln Insekten und Insektenlarven auf Wiese und Acker, nehmen gelegentlich Nester von Vögeln aus, verachten auch Fisch, Krebse, Abfälle, Kot und Aas nicht, holen sich Früchte im Garten und Wald, kurz gesagt, sie sind Generalisten.

Im Flug Luftplankton einzufangen, ist hauptsächlich Sache von Schwalben und Seglern – sie sind sozusagen Spezialisten in dieser Strategie. Bei Gelegenheit sieht man auch Vögel wie Stare und Lachmöwen im freien Luftraum jagen, besonders wenn Ameisen oder Käfer schwärmen. Dass Fliegenschnäpper, Laubsänger, Meisen, ja sogar Sperlinge mehr oder weniger häufig von einer Warte aus starten und fliegende Beute fangen, ist eine vertraute Erscheinung. Haussperlinge versuchen sich hin und wieder im Fang von Weißlingen und anderen Schmetterlingen – meist vergeblich wegen der unberechenbaren Wendungen der fliegenden Insekten.

Ungewöhnlich: Die mausernde Rabenkrähe erbeutet ein Insekt im Fangflug.

Aber haben auch Rabenvögel die Fähigkeit zu dieser Strategie? An einem warmen ruhigen Sommerabend im Juni hält sich ein Rabenkrähenpaar auf Dächern und Schornsteinen in der Ortschaft auf. Sie haben ihre Blicke überall, schauen aber auch nach oben, wo die Schwalben und Mauersegler unterwegs sind. Plötzlich fliegt einer der Vögel steil aufwärts, manövriert in senkrechter Körperhaltung ein paar Sekunden mit heftig schlagenden Flügeln, schnappt mit dem Schnabel in die Luft und kehrt zum Dach zurück. Das sieht nicht sehr elegant aus, das Flugbild wirkt eher wirr als gekonnt. Beim genauen Hinsehen ergibt sich der Grund: Der Vogel befindet sich in voller Großgefiedermauser. Tiefe Mauserlücken bestehen im Handflügel, ebenfalls eine Mauserlücke in den Schirmfedern im innersten Armflügel. Das Foto zeigt einen schwarzen Punkt vor seinem Schnabel, zu groß für eine Mücke oder eine große fliegende Ameise, vielleicht ein später Junikäfer. An diesem Tag scheinen noch mehr solcher Beutetiere unterwegs zu sein. Die Rabenkrähen wiederholen ihre Flugjagd noch ein paarmal. Ein Beispiel mehr für ihre vielseitigen Fähigkeiten.

Nahrungsrevier für die Zukunft?

Aggression gegen Feinde

Ein Mäusebussard landet auf einem einzelnen Baum am Rand einer Mähwiese, offenbar um von hier aus auf Mäuse zu lauern. Es ist keine Brutzeit, sondern Winter. Eine Elster fliegt herbei und greift den Bussard an. Wenn Elstern und andere Rabenvögel Angriffe auf Greifvögel zu allen Jahreszeiten und außerhalb von Konkurrenz und Kleptoparasitismus fliegen, kann nur eine kognitive Hypothese weiterhelfen: Die Rabenvögel wollen ihre Feinde konditionieren. Den Verfolgten ist der Angriff jedenfalls unangenehm, im Flug machen sie häufig Ausweichbewegungen, wenn sich der Rabenvogel nähert. Die Verfolger vermeiden dabei das Risiko, selbst erwischt zu werden. Das Verfolgen kostet sie Energie und Zeit sowie Risiko. Möglicherweise gilt folgendes: Die Rabenvögel wollen den Greifvögeln durch störendes Verhalten wie Scheinangriffe beibringen, dass ihr Auftreten unangenehme Folgen hat. Die Absicht der Angreifer liegt also darin, die Greifvögel auf Distanz zu halten, sodass sie künftig den Aufenthalt im überflogenen Gebiet meiden. Es könnte sich um ein auf die Zukunft bezogenes, vorausgreifendes Verhalten handeln. Es wäre daher gut zu wissen, ob der Rabenvogel seine Angriffe auf einen bestimmten Raum beschränkt, der das eigene Territorium betrifft („Move on"-Hypothese von Curio 1978). Sehr aktuell greifen brütende Wacholderdrosseln in ihrer Brutkolonie einen vorbeifliegenden Mäusebussard an. Sie überschütten ihn mit ihrem flüssigen Kot, sodass er unter Umständen vorübergehend seine Flugfähigkeit verliert.

Wasser

Jeder Vogel benötigt auch Wasser. Manche Vögel begnügen sich aber damit, das Wasser nur aus der aufgenommenen Nahrung zu entnehmen. Das geht bei Vögeln in trockenen Lebensräumen selbst aus scheinbar wasserloser Nahrung wie Körnern. Die Trockengebiete bewohnenden

Zebrafinken können monatelang leben, ohne zu trinken. Im Winter können Vögel das Wasser auch aus Schnee gewinnen.

Dem Schnabel kann man nicht ansehen, auf welche Weise der trinkende Vogel das Wasser aufnimmt. Meist schöpft er es von der Wasseroberfläche, hebt den Kopf und lässt es in den Magen rinnen. Manche Vögel in trockenen Lebensräumen haben es beim Trinken eilig und saugen das Wasser auf, so schnell es geht. Nur die Halbwüsten und Wüsten bewohnenden Flughühner tragen ihren Jungen Wasser zu, mit dem sie ihr Bauchgefieder durchtränkt haben.

Im Speiballen eines Steinadlers kann man viel Murmeltierwolle entdecken.

Auch an künstlichen Futterstellen sollte Wasser angeboten werden, sowohl im Sommer als auch im Winter. Hier können die Vögel auch baden. Die Anlagen müssen so gestellt werden, dass weder Katzen noch Sperber dort die besuchenden Vögel überraschen können.

Das Ende vom Lied: Was man wieder abgibt

Der Speiballen des Tannenhähers besteht hauptsächlich aus Schalenstücken der Samen von Zirbelkiefern.

Greifvögel, Falken und Eulen, aber auch viele andere Vögel verschlucken regelmäßig unverdauliches Material wie Haare, Federn, Chitin und Knochen. Sie belasten damit aber nicht ihren Darm, sondern bilden im Magen Gewölle, die sie dann ausspeien. Solche Speiballen sind meist trocken und geruchlos. Man kann sie einsammeln und aus ihrem Inhalt die Ernährung des Vogels bestimmen. Bei Schwarz- und Grünspechten sowie anderen insektenfressenden Vögeln bestehen die Speiballen vorwiegend aus Chitinfragmenten. Bei Eulen, Falken und Greifvögeln enthalten sie häufig Mäusewolle, Federn und Knochen.

An ihrem Ruheplatz auf der Vordüne hat eine Sumpfohreule Gewölle mit Mäuseresten hinterlassen.

Unverdauliches Material, das den Magen und Darm schon passiert hat, wird dagegen als Kot abgegeben. Bei Pflanzenfressern enthält dieser oft noch Pflanzenfasern und ganze Pflanzenstücke, die der Vogel nicht verdauen konnte. Kot von Pflanzenfressern kann außerdem noch eine Menge Nährstoffe enthalten, die dem Boden als Düngung zugutekommen. Die Ausscheidung gelöster Stoffe aus dem Kreislauf erfolgt vorwiegend über die Niere. Hierbei sind es außer Salzen vor allem die Abbauprodukte von körpereigenen oder körperfremden Proteinen und Aminosäuren, also Verbindungen mit Stickstoff, die hier eine Rolle spielen. Um Wasser zu sparen, scheiden Vögel den Stickstoff in Form von Harnsäure aus, die wasserunlöslich ist und meist als weiße kristallhaltige Paste dem

Kot beigegeben wird. Die Abgabe von Kot, Harn und Geschlechtsprodukten erfolgt bei Vögeln nur über einen einzigen Ausgang, die Kloake. Vögel, die von rein tierischer Nahrung leben, geben eine Ausscheidung ab, die vorwiegend aus weißer Harnsäure besteht. Dies ist vor allem bei Seevögeln auffallend, die sich vorwiegend von Fisch, Tintenfisch oder Krebsen ernähren, also viel Protein aufnehmen. Auch Greifvögel und Falken sowie Eulen erzeugen als Fleischfresser einen Kot, der weiß und flüssig ist. Der Kot von Tauben besteht aus Resten der Vegetation und aus Harnsäure.

Was übrigbleibt: Der Kormoran gibt flüssigen Kot ab.

Das Problem mit dem Salz

Etwa 10 Prozent aller Vögel gewinnen ihre Nahrung aus dem Meer. Solche Seevögel oder andere Vögel, die an den Küsten leben, nehmen häufig salzhaltige Nahrung oder sogar Meerwasser zu sich. Sie müssen dafür sorgen, dass sie das überschüssige Meersalz wieder loswerden. Dazu verfügen sie außer den Nieren über Salzdrüsen, die unter hohem Energieaufwand Natrium- und Chlorid-Ionen in konzentrierter wässriger Lösung bis zu 5 % abgeben. Dieses Exkret ist also konzentrierter als das Meerwasser mit etwa 3 % Salzgehalt. Die Salzdrüsen liegen oberhalb der Augen unter der Kopfhaut und scheiden ihr Exkret in die vordere Nasenhöhle aus. Von hier läuft es zur Schnabelspitze und wird durch Kopfschütteln weggeschleudert. Wenn Ringelgänse im Sommer in der Tundra brüten, weiden sie dort Süßgräser ab, die wenig Salz enthalten. Dann sind ihre Salzdrüsen klein. Im Überwinterungsgebiet dagegen fressen sie entweder Algen im Watt oder weiden in den Salzwiesen. Dann nehmen sie viel Salz auf. Entsprechend vergrößern sich die Salzdrüsen im Winter und verkleinern sich im Sommer – je nach Bedarf. Am Ende des Winters können sie so groß sein, dass sie unter der Kopfhaut in der Kopfmitte zusammenstoßen.

Meeresfische scheiden das aufgenommene Salz selbst aus und wir müssen sie salzen, wenn wir ihr Fleisch essen wollen. Deswegen sind Vögel wie Alken, Tölpel und Kormorane, die Meeresfische fressen, weniger durch Salz belastet.

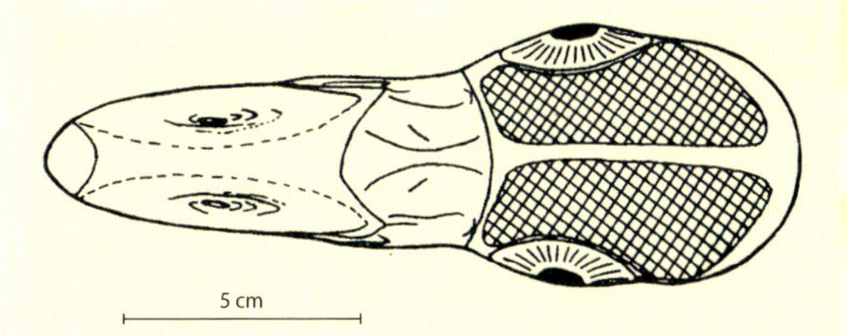

Aktive Salzdrüsen (schraffiert) können bei einer Ringelgans im Winter fast den ganzen Oberkopf bedecken (aus Bergmann 1987).

Besser als beim Menschen: die Sinne der Vögel

Sehen

Die Welt in vier Farben sehen

Vögel sehen mehr als Menschen oder andere Säugetiere. Als Säugetier verfügt man über das trichromatische Sehen: Man kann drei verschiedene Grundfarben unterscheiden und auch deren Gemische wahrnehmen: rot, grün, blau. Für diesen Zweck hat man in der Retina drei verschiedene farbempfindliche Sehzellen vom Typ Zapfen zur Verfügung. Viele Vögel können aber tetrachromatisch sehen, das heißt sie verfügen über vier verschiedene farbempfindliche Sehzelltypen. Bei ihnen und schon früher bei Reptilien ist als vierter Zapfentyp einer (oder zwei) hinzugekommen, für die Wahrnehmung von UV-Licht mit einer Wellenlänge von etwa 370 Nanometer – kürzer als Blau oder Violett mit 445 Nanometer. Man hat diese UV-Zapfen bei Straußen, Möwen, Papageien und den meisten Singvögeln außer den Rabenvögeln nachgewiesen. Typisch für die Zapfen der Vögel und Reptilien sind zusätzliche Öltröpfchen in Orange oder anderen Farben, die als Filter wirken dürften und vielleicht die Farbunterscheidung verbessern. Sie fehlen nur bei den UV-Rezeptoren. Eine weitere Sehzelle, Stäbchen genannt, nimmt Schwarz-Weiß wahr, ist also für Hell-Dunkel-Sehen zuständig. Stäbchen arbeiten noch bei schwachem Licht, während die Zapfen für das Farbsehen helles Tageslicht benötigen. Stäbchen überwiegen bei Eulen und anderen dunkelaktiven Vögeln.

Die Blaumeise trägt auch die Farbe UV in ihrem Gefieder.

Durch die Beteiligung der UV-Rezeptoren verfügen die Vögel über ein anderes farbiges Weltbild als zum Beispiel der Mensch. Das Gefieder der Blaumeise ist für den Vogel nicht mehr nur blau, sondern auch UV-farbig. Schlehen und andere Früchte, die für uns schwarz wirken, haben einen UV-farbigen Wachsüberzug. Vogelblumen, die von Vögeln bestäubt werden, sind für unsere Wahrnehmung häufig rot, haben aber oft auch UV-farbige Saftmale, die von Insekten und Vögeln gesehen werden können. Kleinsäugerurin reflektiert UV-Licht. Greifvögel können die Anwesenheit von Kleinsäugern am Urin ablesen, den diese

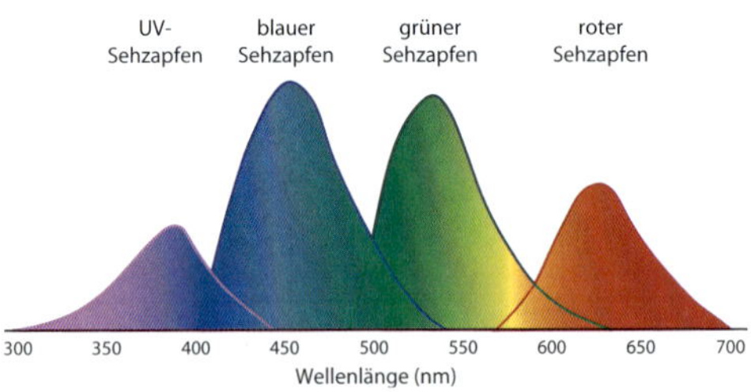

Die Typen von Sehzellen in der Retina der Vögel verteilen ihre Empfindlichkeit auf unterschiedliche Wellenlängen. UV liegt bei 370 Nanometer (nach Stoddart Lab, Princeton University, verändert).

am Boden hinterlassen. Waldlaubsänger und andere am Boden brütende Kleinvögel meiden anhand des Urins Lebensräume, in denen viele Kleinsäuger leben, weil diese die Nester der Vögel bedrohen. Vögel können offenbar wie Bienen auch polarisiertes Licht wahrnehmen. Darüber weiß man wenig.

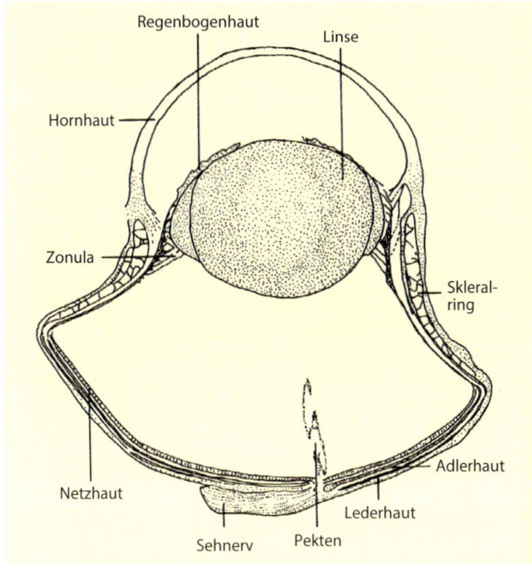

Das Eulenauge kann nicht nur scharf sehen, sondern auch bei schwachem Licht noch Wahrnehmung vermitteln. Der Pekten (Kamm) dient bei allen Vögeln der Versorgung des Augeninneren (aus Bergmann 1987).

Sehschärfe

Vögel sind grundsätzlich großäugige Lebewesen, obwohl man meist unter der Haut und der Befiederung des Kopfes nicht viel davon ahnt. Die Augengröße bringt Sehschärfe mit sich. Der Ethologe Niko Tinbergen und seine Mitarbeiter konnten den von ihnen beobachteten Baumfalken in Holland ansehen, wenn sie eine Libelle entdeckt hatten, die sie dann fingen. Die Vögel konnten die Insekten schon auf 200 m Entfernung erkennen, Menschen konnten das erst auf 100 m. Der kleinste Winkel zwischen zwei Punkten, den die Falken noch beherrschten, war 21“, das entspricht wieder der doppelten Sehschärfe des Menschen. Bei nachtaktiven Vögeln gibt es besonders große Augen mit riesigen Pupillen. Im Auge eines Waldkauzes kann der Abstand zwischen Horn- und Netzhaut 28,5 Millimeter erreichen. Die beiden Augen eines Vogels stoßen in der Kopfmitte beinahe zusammen und werden nur durch eine dünne Knochenschicht getrennt. Die Sehschärfe ergibt sich aus der Dichte der Sehzellen in der Retina, besonders in den Sehgruben, den Foveae, von denen der Waldkauz in jedem Auge zwei hat, der Mensch nur eine im Zentrum der Retina. Waldkäuze verfügen über 680 000 Sehzellen pro Quadratmillimeter Retina, bei Bussarden ist es eine Million. Bei Menschen werden im Vergleich nur 200 000 Zellen erreicht. Bei dunkelaktiven Eulen dominieren mit 90 % die Stäbchenzellen. Sie

Der Waldkauz hat große dunkle Augen.

Bei der Nachtschwalbe reflektiert der Augenhintergrund das Blitzlicht mit dem Tapetum lucidum. Im Flügel und im Schwanz gibt es beim Männchen auffallende weiße Signalflecke.

sind in hoher Dichte in den schläfenseitigen Sehgruben konzentriert, was eine hohe Lichtausbeute ermöglicht. Die wenigen Zapfen sind hauptsächlich im Gelbbereich empfindlich. Weder Infrarot noch UV kann vom Eulenauge verarbeitet werden. Bei Nachtschwalben, nicht jedoch bei Eulen, leuchten die Augen im künstlichen Licht auf. Das wird durch eine licht-reflektierende Schicht im Augenhintergrund hinter der Retina bewirkt, die als Tapetum lucidum bezeichnet wird. Sie erhöht die Lichtausbeute in der Dämmerung und bei Nacht, ähnlich wie bei nachtaktiven Säugetieren.

Hören

Hören Vögel besser als Menschen?

Die Vielfalt der Vogelstimmen, die uns begegnet und die wir oft nicht beherrschen können, führt zu dem Eindruck, dass Vögel uns als akustische Wesen überlegen sind. Viele Vogelstimmen klingen auch häufig sehr hoch für uns. Das hat damit zu tun, dass es eine allgemeine akustische Regel gibt: Je kleiner ein solches Lebewesen ist, desto höher seine Stimme. Außerdem verlieren wir Menschen mit zunehmendem Alter die Fähigkeit, hohe Frequenzen zu hören. Das alles lässt uns zu der fälschlichen Vermutung kommen, dass Vögel auch außerhalb des menschlichen Wahrnehmungsbereichs hören können, besonders im Infra- und Ultraschallbereich.

Der Auerhahn zeigt auf dem Balzplatz sein Imponieren und den Flattersprung. Der Gesang enthält Infraschallkomponenten (aus Bergmann 1987).

Der Flattersprung ist weit und laut im Wald zu hören. Er enthält auch dumpfen Infraschall.

Können Vögel Infra- und Ultraschall wahrnehmen?

Das Wintergoldhähnchen ist der kleinste Vogel Europas, aber seine hohen Rufe und Gesänge gehen trotzdem kaum über 10 kHz hinaus.

Infraschall – das sind Frequenzen unter 20 Hz. Wir Menschen können Frequenzen unter 16 Hz nicht mehr als Töne wahrnehmen. Aber für Vögel sind einige solche Nachweise erbracht worden: Brieftauben können Frequenzen bis herab zu 1 Hz wahrnehmen. Ganz tiefe Druckwellen dieser Art gehen von Stürmen aus, auch von der Meeresbrandung. Vögel könnten sie für ihre Orientierung nutzen. Aber ob dabei das Gehör eine Rolle spielt oder andere Sinnesleistungen der Körperoberfläche, ist noch unklar.

Beim Auerhuhn vermutet man seit langer Zeit, dass die Vögel Infraschall hören können. In der Tat enthalten die dumpfen Flügelschläge des Hahnes, die er imponierend während der Flattersprünge produziert, deutliche Komponenten von Infraschall unter 20 Hz. Während der Balz reagierten die paarungsbereiten Hennen aber nicht auf diese tieffrequenten Komponenten, sondern nur auf die normal hörbaren Frequenzen der Flattersprünge, wie wir Menschen sie auch wahrnehmen. Das bedeutet: Es gibt Infraschall, aber er ist ein Nebenprodukt und wirkt nicht als Signal. Das Thema Infraschall beim Auerhuhn ist aber immer noch im Gespräch. Neuerdings hat man auch beim Wetzen, dem Schlussteil der Gesangsstrophe des Hahns, Infraschall-Komponenten von ca. 30 Hz gefunden. Auch hier weiß man nichts über die Funktion.

Ultraschall – das sind offiziell Frequenzen über 16 000 Hz oder 16 kHz, die wir als junge Menschen noch wahrnehmen können, in fortgeschrittenem Alter nicht mehr. Über 20 000 Hz reicht unser Wahrnehmungsvermögen in keinem Fall hinaus, selbst im jugendlichsten Alter. Ultraschall ist das Reich der Fledermäuse, die mithilfe solcher Rufe und der Echos, die dabei entstehen, Objekte orten und erkennen können. Bei den Vögeln gehen jedoch die Lautäußerungen nicht über 10 kHz hinaus, selbst bei sehr kleinen Arten. Rufe und Gesänge der Goldhähnchen, unserer kleinsten Vögel in Europa, erreichen kaum 10 kHz. Das Hörvermögen der Vögel nimmt über 8000 Hz stark ab, ebenso unter 100 Hz. Vögel hören wie Menschen am besten im Bereich um 4000 Hz.

Im Jahr 1799 besuchte Alexander von Humboldt im venezolanischen Urwald in Südamerika eine Höhle, die von den Eingeborenen Guacharo-Höhle genannt wurde, vielleicht nach den schrillen Rufen der dort zu

Tausenden lebenden und brütenden Fettschwalme *Steatornis caripensis*. Wie spätere Besucher feststellten, flogen die Vögel dort selbst bei völliger Dunkelheit umher, ohne anzustoßen, und riefen dabei ständig kurze „klick"-Laute. Sie benutzten das Echolot-Prinzip, das man auch von den Fledermäusen kannte, aber hier im für Menschen hörbaren Bereich zwischen 4000 und 8000 Hz – also kein Ultraschall. Wenn anderswo bei Lautäußerungen von Vögeln hohe Frequenzen auftreten, handelt es sich um Obertöne, die automatisch als Nebeneffekt entstehen, aber nichts zur Kommunikation oder Orientierung beitragen. Fazit: Vögel können Ultraschall weder hören noch benutzen.

Der singende Feldschwirl zeigt sein pigmentiertes Schnabelinneres.

Vögel hören schneller als wir

Die Lautäußerungen der Vögel sind uns erst durch die Sonagraphie (s. S. 90) seit der Mitte des 20. Jahrhunderts richtig zugänglich geworden. Den Gesang der amerikanischen Nachtschwalbe „whip-poor-will" nehmen wir als dreisilbig wahr, im Sonagramm stellt er sich als fünfsilbig dar. Die Spottdrossel in Amerika imitiert ebenfalls eine klar fünfsilbige Version, kann also sicher die fünf Silben getrennt hören – besser als wir Menschen.

Wir können mit unserem Gehör akustische Ereignisse nur dann auflösen, wenn sie weiter als eine Zehntelsekunde voneinander entfernt sind. Bei kürzeren Intervallen verschmelzen sie für unsere Wahrnehmung. Schnell singende Singvögel verwenden aber Elementfolgen mit kürzeren Elementen und Intervallen, die wir gar nicht trennen können. Der Feldschwirl singt etwa 25 Elemente pro Sekunde, fügt aber zwischen diese jeweils noch ein kleines Zwischenelement ein. Wir hören das als geschlossenes Schwirren. Man kann davon ausgehen, dass Vögel uns in dieser Hinsicht überlegen sind und mit ihrem Gehör bessere Zeitauflösung erreichen.

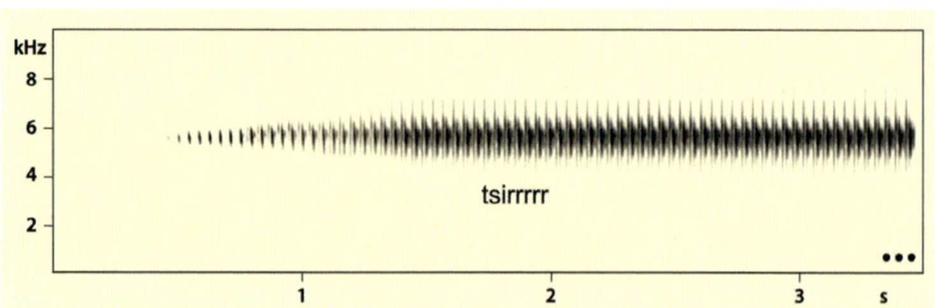

Gesang des Feldschwirls im Sonagramm. Die Elemente verschmelzen für die menschliche Wahrnehmung zu einem hohen Schwirren (Sonagramm: W. Engländer).

Riechen

Unsere Sprache spielt uns da einen Streich. Wenn wir die Frage stellen, ob ein Lebewesen riecht, denken wir an zweierlei: Wir fragen uns einerseits, ob das Tier selbst duftet oder riecht oder stinkt, wie man es von einem Fuchs erwartet. Andererseits verstehen wir unter Riechen auch die Fähigkeit, selbst Gerüche wahrzunehmen. Bei den Vögeln gibt es beides: Sie können Duft oder Gestank ausströmen und sie können Gerüche wahrnehmen.

Der Eissturmvogel gleitet über das Meer. Jede seiner Federn verströmt einen kräftigen Geruch.

Vögel duften

Ein Freund von mir hat sich einmal einen tot gefundenen Seevogel präparieren lassen, um zu Hause eine Erinnerung an die Küste zu haben. Der Vogel war ausgerechnet ein Verwandter aus der Gruppe der Röhrennasen: ein Eissturmvogel. Als der Vogel in der Wohnung ankam, roch diese binnen Minuten nach Sturmvogel: etwas tranig, auch nach Moschus und Fisch. Der Geruch steckte im Gefieder. Er hätte sich auch nicht so schnell verloren, sondern viele Jahre lang angehalten. Daraufhin wurde der Vogel zunächst in den Heizungsraum verbannt und wanderte später ins Museum. Der Vogelduft dient bei solchen Seevögeln der Orientierung und der Kommunikation. Sie leben an Felsküsten und finden sich häufig nur nachts an den Felshöhlen ein, in denen sie brüten. Hier erkennen sie sich gegenseitig und auch ihren richtigen Brutplatz am Geruch.

Eine einzelne Mauserfeder einer Rabenkrähe oder einer Dohle strömt auch Duft aus: nicht so heftig wie ein Sturmvogel, aber doch erkennbar und auch bei den einzelnen Rabenvögeln verschieden. Auch das Gefieder der Spechte riecht deutlich, selbst wenn bei ihnen manchmal der Harzduft der Nadelbäume überwiegt. Wer so viel Duft ausströmt, von dem kann man auch annehmen, dass er ihn selbst riechen kann und sicher auch noch andere Düfte.

Der Eigenduft des Vogels spielt dabei eine große Rolle. Fast jeder Vogel verfügt über eine Bürzeldrüse, mit deren Exkret er sein Gefieder pflegt. Dieses dient nicht nur der Elastizität und dem Wasserabweisen der Feder, sondern auch der Abwehr von Federparasiten, vor allem aber auch dem Eigenduft des Vogels, einer Art persönlichem Parfüm. Eben geschlüpfte,

Auch Rabenvögel wie der Kolkrabe tragen einen Duft im Gefieder, den sie wahrscheinlich auch wahrnehmen können.

noch blinde Zebrafinkenküken können schon ihre Eltern am Duft erkennen und betteln sie stärker um Futter an als fremde Zebrafinkeneltern. Sie sind wahrscheinlich schon im Ei auf den Elternduft geprägt worden. Auf ähnliche Weise nehmen sie als Nestlinge auch den Nestduft auf.

In Bodennestern brütende Altvögel verschiedenster Arten reduzieren ihren Eigenduft während der Brutzeit, sodass sie besser getarnt sind gegenüber Feinden, die sich nach der Nase orientieren. Sie können das tun, indem sie als Bestandteil des Exkrets statt Monoestern mehr Diester produzieren, die zwar aufwändiger herzustellen sind, aber nicht so leicht in den Duft übergehen. Das persönliche Parfüm eines Vogels kann in vieler Hinsicht auch in der Kommunikation mit Artgenossen eine Rolle spielen. Ein Beispiel: Bei Blaumeisen ist im männlichen Geschlecht die Ausscheidung der Bürzeldrüse anders zusammengesetzt als bei den Weibchen. Das dürfte im Gefieder einen unterschiedlichen Duft der Geschlechter erzeugen. Möglicherweise spielt das eine Rolle bei der Partnerbeziehung.

Vögel riechen

Lange Zeit hieß es, Vögel können gar keine Gerüche wahrnehmen – oder nicht besonders gut. Nur den neuseeländischen Kiwis, die mit ihrem Schnabel im Boden stochern und dabei ihre Nasenlöcher an der Schnabelspitze benutzen, hat man besseres Riechen zugesprochen. Sie vermögen einen Regenwurm zu riechen, der 15 Zentimeter tief im Boden steckt.

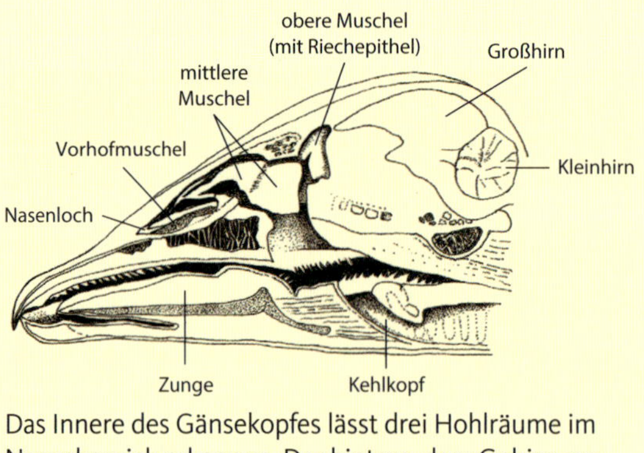

Das Innere des Gänsekopfes lässt drei Hohlräume im Nasenbereich erkennen. Der hintere, dem Gehirn am nächsten gelegene ist für die Geruchswahrnehmung zuständig (aus Bergmann 1987).

Aber heute weiß man mehr über die Wahrnehmungsleistungen der Vögel. Jeder Vogel verfügt in der inneren Nasenmuschel über eine Riechschleimhaut. Am vorderen Hirnteil, nahe bei der Riechschleimhaut, sitzt ein je nach Art unterschiedlich großes Riechhirn, das die über den Riechnerv (Nervus olfactorius) eingehenden Sinneseindrücke verarbeitet. Das Riechhirn ist bei den verschiedenen Vogelgruppen unterschiedlich groß ausgebildet. Beim Haussperling erreicht es nur 5 % der Breite des Endhirns, bei Hühnervögeln schon 14-18 %, bei Enten und Gänsen ist es mit 24 % viel stärker ausgebildet, bei Albatrossen und Sturmtauchern erreicht es Spitzenwerte von bis zu 37 %. Bei Enten und Gänsen wusste man schon früh, dass sie Düfte kennen und bewerten lernen, beispielsweise an ihrem Futter. Männliche Stockenten lassen sich in frühem Alter mittels Duft auf Enten prägen, die sie später anbalzen. Wenn man dann aber ihre Geruchsnerven im Experiment durchtrennte, wurde das spätere Werbeverhalten völlig unterdrückt.

Große Seevögel wie Albatrosse oder Sturmvögel kann man über dem Meer gegen den Wind kreuzen sehen. Auf diese Weise scannen sie sich an eine Meeresfläche heran, wo schon andere Tiere sich versammelt haben. Wo viel pflanzliches Plankton an die Oberfläche kommt, findet sich auch Krill ein: Krebse von etwa einem Gramm Gewicht aus der Gruppe der Leuchtgarnelen, die vor allem in der Arktis massenweise auftreten. Hier entsteht auch ein Duftstoff namens DMS (Dimethylsulfat), der in die Luft entweicht und wieder anderen Tieren der Nahrungsnetze anzeigt, dass es hier etwas zu holen gibt. Vögel können den Stoff riechen und sich danach orientieren. Duft, den fressende Schmetterlingsraupen im Wald erzeugen, kann ebenfalls für Kleinvögel wie Meisen anziehend wirken. Weißstörche können frisch gemähtes Gras kilometerweit riechen und den Ort der Mahd gegen den Wind fliegend aufsuchen. Eine große Kolonie von Seevögeln verströmt häufig einen starken Geruch. Selbst aus einer Gruppe von Brillenpinguinen im Zoo weht ein kräftiger Fischgeruch heraus. Mögen sich die menschlichen Besucher auch manchmal daran stören: Den Vögeln macht es nichts aus, wenn es riecht, obwohl sie wahrscheinlich mehr davon wahrnehmen, als wir glauben möchten.

Andere Sinne

Obwohl der Hornschnabel den Eindruck erzeugt, dass Vögel keinen besonders entwickelten Tastsinn haben, spricht doch seine Ausstattung

Der Austernfischer muss mit seiner Schnabelspitze, mit der er im Boden sondiert, feine Tastwahrnehmungen empfangen.

mit Sinnesendigungen eine ganz andere Sprache. Besonders bei Enten, die ihre Nahrung seihend im Flachwasser gewinnen, scheint das eine große Rolle zu spielen. Das gilt auch für Watvögel, die im Wattboden oder im Rasen nach Kleintieren stochern. Doch auch ein zartes Gefiederputzen, das zwei Vögel untereinander austauschen, spricht für feine Sinneswahrnehmung des Schnabels.

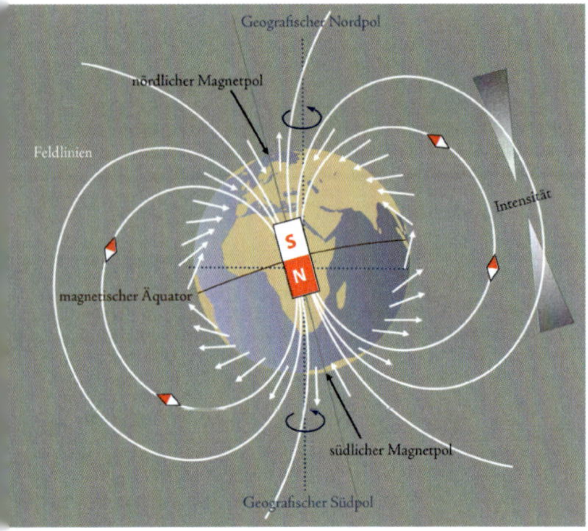

Das Magnetfeld der Erde kann von Vögeln wahrgenommen und zur groß- und kleinräumigen Orientierung genutzt werden (Grafik R. Lottmann in Bairlein 2022).

Magnetkompass

Will der Vogel das Magnetfeld der Erde auf der Wanderung benutzen, muss er in der Lage sein, es wahrzunehmen. Der Magnetkompass der Vögel gilt als angeboren. Er wurde von F.W. Merkel & W. Wiltschko schon in den 1960er-Jahren am Beispiel des Rotkehlchens entdeckt, ohne dass man damals eine Ahnung davon hatte, wie die Wahrnehmung funktionieren könnte. Anfang der 2020er-Jahre weiß man etwas mehr. Im rechten Auge eines Vogels gibt es dazu in der Netzhaut Cryptochrome, das sind lichtempfindliche Pigmente, die nichts mit dem Sehen zu tun haben. Sie erfassen die Neigung (Inklination) der Feldlinien des Erdmagnetfeldes, nicht seine Polarität. Blaues Nachtlicht setzt in diesen Pigmenten Elektronen mit einem Drehimpuls frei. Die Ausrichtung dieser Impulse hängt von der Neigung des Magnetfeldes ab und kann von dem Vogel über chemische Zwischenprodukte wahrgenommen werden. Die Inklination ist auf verschiedenen Breiten des Globus unterschiedlich. Am magnetischen Äquator verlaufen die Linien horizontal und ergeben keine Information. An den Polen fallen die Linien senkrecht ein. Hier ist die Inklination am stärksten. Allerdings fallen weder die magnetischen Pole noch der entsprechende Äquator genau mit den geographischen Größen zusammen. Mithilfe der Funktionen des Magnetkompasses können die Vögel auch ihren Sonnen- und ihren Sternenkompass eichen, wenn sie sich nicht gerade am Äquator aufhalten. Eine zweite Möglichkeit, das Erdmagnetfeld zu erfassen, besteht in Magnetitkristallen, die beim Vogel um das Auge herum, an der Nasenhöhle und im Oberschnabel aufgefunden wurden. Sie messen die Feldstärke des Magnetfeldes. Das Forschungsgebiet um die Wahrnehmung des Magnetfeldes ist in Entwicklung und die vorliegenden Ergebnisse sind sicher nur ein Teil der Wirklichkeit.

Geschicklichkeit, Gedächtnis, Verstand, Einsicht

Das Vogelgehirn ist zwar nicht besonders groß, aber komplex gebaut. Im größten Teil, dem Vorderhirn, findet man ähnlich viele Nervenzellen (Neurone) wie in einem Affengehirn. Manche Vögel bezeichnet man wegen ihrer Klugheit daher auch als gefiederte Affen. Zu den klügsten Vögeln gehören Papageien und Rabenvögel. Bei gewissen ihrer Leistungen spricht man von „einsichtigem Verhalten". Aber schon ihre Geschicklichkeit und ihr Gedächtnis vermögen unsere Hochachtung zu gewinnen. Bei der Verwendung des Begriffs Intelligenz muss man vorsichtig sein, da der Begriff selbst beim Menschen umstritten ist. Man behilft sich auch mit dem Begriff Klugheit.

Verstand und Einsicht – gibt es das bei Vögeln?

Unter den Tieren erfreut sich der Mensch besonderer Anerkennung als verstandesbegabtes Wesen. Neben ihm stehen dann Schimpanse, Bonobo, Gorilla und Orang-Utan, die mit ihm nächstverwandten nichtmenschlichen Primaten. Erstaunlicherweise treten danach schon Vögel auf: Papageien und Rabenvögel. „Gefiederte Intelligenz" – so heißt es im Untertitel eines übersetzten Buches von Nathan Emery über Vögel mit Köpfchen: Auch darin spielen Papageien und Rabenvögel eine Hauptrolle. „Rabenschwarze Intelligenz" hat auch der Zoologe und Autor Josef H. Reichholf sein Rabenvogelbuch genannt. „Was wir von Krähen lernen können" – so lautet bei ihm der Untertitel. All das bringt wenigstens für die Rabenvögel ein ganz anderes Bild ins Bewusstsein der Menschen, wo sonst seit eh und je die Vorstellung von schwarz gefärbten Schädlingen vorherrschte. Hier aber: Rabenvögel und Papageien als Spitzenreiter der tierischen Klugheit. Sie leisten Ähnliches wie Schimpansen oder ein vierjähriges Menschenkind. Das macht diese Vögel

Der Kolkrabe ist der größte und bekanntermaßen der klügste unter den Rabenvögeln.

Der Alexandersittich lebt als Neozoon (Neubürger) in kleiner Population frei in Deutschland. Ob er auch so klug ist wie Kea und Graupapagei?

in neuer Weise zugänglich und sympathisch, mindestens empfinden wir Respekt vor ihnen. Noch mehr gilt das für den alten weisen Graupapagei Alex, über den die Verhaltensbiologin Irene Pepperberg in einem Bestseller berichtet hat.

Graupapageien, Keas und andere Papageien sowie Kolkraben, Geradschnabelkrähen, Saatkrähen und Elstern haben es mit ihren neu entdeckten Verhaltensleistungen sogar bewerkstelligt, einen frischen Zweig der Verhaltensbiologie der Vögel (und Säugetiere) aufblühen zu lassen: die Kognitionsbiologie. Das hochentwickelte Sozialverhalten verschiedener Rabenvögel hat immer schon die Verhaltenswissenschaft befruchtet. Man erinnert sich an die Dohlen und Kolkraben, die Konrad Lorenz und Eberhard Gwinner gehalten haben. In jüngerer Vergangenheit aber sind ganze Forschungsinstitute oder -abteilungen entstanden, die ein wahres Feuerwerk von Wissenschaft und Veröffentlichungen in Gang gesetzt haben. Mit immer feineren, ausgefeilten Methoden und immer besseren, aufeinander aufbauenden Ideen hat man sowohl im Freiland als auch an Vögeln in menschlicher Obhut Untersuchungen durchgeführt. Eine neue Übersicht über die Kognitionsbiologie liefert das Buch des Wiener Professors Ludwig Huber (2021).

Es geht hier nicht um höhere Sinnesleistungen eines Vogels, also nicht um die Frage, ob er so gut sehen kann wie ein Adler oder so gut hören kann wie eine Eule: Vielmehr sind kognitive Leistungen gefragt, also Planungs- und Einsichtsverhalten, pauschal auch Verstand oder Klugheit genannt. Davon scheinen Rabenvögel, mit denen wir uns hier hauptsächlich befassen wollen, mehr als die meisten anderen Vogelarten zu haben. Dieses Kapitel will Beispiele zusammentragen, um mehr Verständnis für die (meist) schwarzen Vögel herbeizuführen.

Gedächtnis

Alle Rabenvögel neigen dazu, Nahrung zu verstecken, die sie augenblicklich nicht benötigen. Um sie wiederzufinden, müssen sie sich das Versteck merken. Herausragende Gedächtnisleistungen beweisen alljährlich Tannen- und Eichelhäher, die im Spätsommer und Herbst Verstecke im Boden und in Bäumen anlegen, in denen sie Kiefernsamen, Nüsse und Eicheln als Vorrat für den Winter und das Frühjahr verbergen. Tannenhäher und ihre amerikanischen Vettern, die Kiefernhäher, sind in der Lage, sich Tausende von Verstecken den Winter über zu merken und auch unter einer dicken Schneeschicht wieder aufzufinden (s. S. 58 ff). Amerikanerkrähen behielten Gesichtsmasken von Menschen im Gedächtnis, mit denen sie bei der Beringung unangenehme Erfahrungen gemacht hatten. Sie erkannten und mieden sie noch nach zwei Jahren.

Körperliche und soziale Geschicklichkeit

Wenn ein Schimpanse die Fähigkeit entwickelt, mit einem Stöckchen oder einem Halm die Termiten, die sich daran festbeißen, aus den Löchern ihres Baues zu ziehen, um sie dann abzulecken und zu verzehren, fassen wir das als körperliche Geschicklichkeit auf. Wir sprechen von Feinmotorik, die benötigt wird, das verwendete Werkzeug richtig zu formen und einzusetzen. Wenn dann die Schimpansenmutter ihrem Kind dasselbe Verhalten vormacht und ihm zeigt, wie man an die wohlschmeckenden Termiten herankommt, gehört

Saatkrähen sind soziale Vögel und brüten in großen Kolonien.

Der berühmte Spechtfink, der auf Galapagos die Spechte vertritt; einer der Darwinfinken.

Er kann auch kopfunter arbeiten wie ein Kleiber. Hier stochert er mit einem dünnen Werkzeug im Ast.

dieses Lehren in den sozialen Bereich. Man spricht von einer sozialen Geschicklichkeit, in die auch Leistungen der Kommunikation unter den Artgenossen einbezogen sind. Raben und einige andere Vögel können sowohl im Bereich der körperlichen Geschicklichkeit als auch der sozialen Beziehungen die Leistungen von Menschenaffen erreichen.

Werkzeuggebrauch

Es war die berühmte englische Verhaltensforscherin Jane van Lawick-Goodall, die zuerst den Gebrauch eines Werkzeugs durch einen Vogel entdeckte: Ein Schmutzgeier warf einen Stein auf ein Straußenei, um sich den Inhalt zugänglich zu machen. Der auf der Galapagos-Insel Santa Cruz lebende Spechtfink stochert mit einem Kaktusstachel oder einem Ästchen in einem Loch im morschen Holz, bis er die darin lebende Insektenlarve herausziehen kann oder sie von selbst herauskommt. Der Stein und der Stachel beziehungsweise das Ästchen sind die verwendeten Werkzeuge. Ein Werkzeug ist ein körperunabhängiger Gegenstand, den man frei manipulieren und einsetzen kann, um eine Funktion auszuüben, für die die Ausstattung mit eigenen Organen nicht genügt. Bei den Spechtfinken weiß man inzwischen mehr. Die Vögel verkürzen die Zweige, die sie benutzen wollen, sie beseitigen auch Seitenzweige und Blätter: das heißt, sie bereiten die Werkzeuge zu. Werkzeugherstellung geht über die Leistung des Werkzeuggebrauchs hinaus. Man hatte das vorher nur dem Menschen zugetraut, es sogar als Definition für menschliche Intelligenz verwendet. Um bei Spechtfinken herauszubekommen, ob sie die Werkzeugbenutzung von Vorbildern lernen oder selbst entwickeln, zog man Nestjunge mit und ohne erwachsenes Vorbild auf. Die Jungvögel ohne Vorbild waren nachher genauso gut wie diejenigen, die mit kundigen Artgenossen aufgewachsen waren. Ihnen war also der Werkzeuggebrauch angeboren oder sie hatten eine Lerndisposition in sich, die in kurzer Zeit zum Erfolg führte.

Auch bei den Rabenvögeln gehört der Umgang mit Werkzeugen zu den viel bewunderten Leistungen. Saatkrähen, die in menschlicher Obhut gehalten und untersucht wurden, haben gezeigt, dass sie in der Lage sind, aus Draht ein hakenförmiges Werkzeug zu biegen, mit dem sie eine Beute angeln können. Geradschnabelkrähen von der südpazifischen Insel Neukaledonien stellen sich im Freiland aus Blattstücken von Schraubenpalmen Werkzeuge her, mit denen sie ebenfalls nach Insekten oder Insektenlarven stochern können. Neu ist bei ihnen nicht nur die Werkzeugherstellung, sondern die Wiederverwendung: Sie verstecken ihre Werkzeuge und holen sie sich wieder, um sie neuerlich einzusetzen. Auch diese Leistung hat man bis vor einiger Zeit nur dem Menschen zugetraut.

Eine Geradschnabelkrähe auf der südpazifischen Insel Neukaledonien stochert mit einem Werkzeug im Holz nach Beute.

Werkzeuggebrauch ist unter freilebenden Vögeln weltweit nur bei wenigen Arten gefunden worden. Zwei Beispiele, bei denen die Werkzeuge aus Ködern bestehen, mit denen Beutetiere angelockt werden: Amerikanische Grünreiher locken mit kleinen Beutetieren, die sie über die Wasseroberfläche halten, oder mit Brotkrumen, die sie ins Wasser streuen, Fische an, die sie dann fangen. Kanincheneulen platzieren Mist vor ihre Höhlen und fangen dann die Mistkäfer, die davon angezogen werden. Die meisten weiteren Beispiele für die Verwendung von Werkzeugen beziehen sich auf Vögel, die in Volieren gehalten werden und dort Gegenstände zum Stochern verwenden.

Zum Werkzeuggebrauch kann auch das Verhalten in einer Skinnerbox oder einer ähnlichen Anlage gerechnet werden. Hans Forsberg hat sich vorgenommen, freilebende Elstern auf das Aufsammeln von Zigarettenstummeln und anderem Müll zu dressieren. Er brachte ihnen dann bei, Kronkorken aufzusammeln und in einen Spender zu werfen, der ihnen zur Belohnung Erdnüsse oder andere Leckerbissen herausgab. Das Werkzeug ist das Gerät, das den Kronkorken aufnimmt und dann den Spender für das Auswerfen der Belohnung in Gang setzt. Man kann auch den Kronkorken als das Werkzeug auffassen, mit dem der Spender manipuliert wird. Jungelstern erwiesen sich an dem Gerät als eher lernwillig, Altvögel waren zu vorsichtig, um sich ohne Weiteres darauf einzulassen. Aber auch unter mehreren Jungvögeln ließ sich nur einer darauf ein, die Anlage richtig zu bedienen. Ein anderer versuchte, die ausgeworfenen Erdnüsse zu stehlen, ohne einen Kronkorken mitzubringen, erwies sich also als Parasit in dem System. Individuelle Unterschiede sind bei solchen Lernleistungen gängig, wie es auch sonst Persönlichkeiten unter den Vögeln gibt, manche sind eher wagemutig, andere sind scheu und zurückhaltend, wenn sie vor neuen Situationen stehen.

Rabenvögel können ein Werkzeug auch als Waffe gebrauchen. Eine Amerikanerkrähe und ein Diademhäher treffen an einem Futterhaus zusammen und geraten in eine Auseinandersetzung um das Futter. Der Häher versucht es erst mit Schreien, Annäherung und Angriffsflug, dann fliegt er in ein Gebüsch in der Nähe, bricht mit einiger Mühe einen Zweig ab und bedroht die Krähe mit dem Zweig im Schnabel. Die Krähe stürzt sich auf den Häher, der den Zweig fallen lässt; die Krähe packt den Zweig und verfolgt den Häher.

Die neuseeländischen Keas gehören als Papageien zu den klügsten und verspieltesten Vögeln.

Spiel der Vögel

Konrad Lorenz hat eindrucksvoll das Flugspiel der Dohlen beobachtet und so beschrieben: „... Die Vögel spielen mit dem Sturm. Beinahe, immer nur beinahe lassen sie dem Sturm seinen Willen, lassen sich vom Aufwind hoch, hoch in den Himmel werfen, sie scheinen dabei nach oben zu fallen – und dann drehen sie sich mit einer lässigen kleinen Bewegung des einen Flügels auf den Rücken, öffnen die Tragflächen für den Bruchteil einer Sekunde von unten her gegen den Wind, stürzen mit einem Vielfachen der freien Fallbeschleunigung nach unten, drehen sich mit einer ebenso winzigen Flügelbewegung wie vorher wieder in die normalen Lage zurück und schießen nun mit fast völlig geschlossenen Schwingen in rasender Fahrt gegen den Sturm, der sie nach Osten blasen will, hunderte Meter nach Westen davon.“

Spiel findet im entspannten Feld statt, wenn nicht gerade Hunger, Durst, Sex, Angst oder eine andere Motivation den Vogel beherrscht. Bei Vögeln ist Spielen nicht häufig vertreten. Nur bei 1 Prozent von 10 000

Arten hat man Spiel festgestellt. Das sind – wie nicht anders zu erwarten – wieder Papageien und Rabenvögel. Unter den Papageien tun sich Keas hervor, soziale Papageien der südlichen Berge Neuseelands. Unter den Rabenvögeln sind besonders wieder Kolkraben vertreten. Bezeichnend ist für alle Spiele, dass das spielende Tier sein Verhalten oft wiederholt. Wie bei Säugetieren unterscheidet man verschiedene Formen des Spiels.

Eine häufige Form ist das Bewegungsspiel, das man auch als eine Art Sport beschreiben kann. Keas legen sich in den Schnee an einem Abhang und rutschen darauf abwärts. Als solches Spielverhalten treten bei Raben auch Kopfunterhängen an einem Ast oder Draht, Schaukeln, schnelles Greifen mit den Füßen nach Gegenständen und wieder das Rutschen auf glatten Unterlagen auf. Scheinbar unermüdliche Wiederholung als Merkmal für Spiel – das gilt auch für Flugspiele, in denen sich Rabenvögel besonders hervortun (s. S. 82).

Beim Objektspiel geht es um Objekte, die erkundet oder manipuliert werden. Manche Vögel bringen dabei auch in Erfahrung, ob das Objekt als Werkzeug taugt. Keas neigen dazu, unbekannte Objekte zu zerstören, beispielsweise Zubehör von Kraftfahrzeugen, denen sie in ihren Lebensräumen begegnen. Der von dem Ethologen I. Eibl-Eibesfeldt gehaltene Spechtfink versteckte einen Mehlwurm immer wiederholt in Löchern im Holz und stocherte ihn mit einem Stöckchen wieder heraus. Junge Seeschwalben tauchen vielfach wiederholt nach einem Stück Holz und lassen es wieder fallen. Offenbar üben sie dabei schon für den Fischfang, den sie als Jungvögel noch nicht beherrschen.

Sobald ein Artgenosse oder ein Angehöriger einer fremden Art beteiligt ist, spricht man von sozialem Spiel. Dazu gehören Kampfspiele sowie spielerische Streitigkeiten um bestimmte Objekte oder Positionen im Gelände oder in der Voliere. Jagereien unter Artgenossen sind an der Tagesordnung. Eine allgemeine Deutung des Spielens besonders bei Jungtieren liegt nahe: Es dürfte der körperlichen Ertüchtigung und dem Einüben sozialer Fertigkeiten dienen.

Würde eine Rabenkrähe die hellen Flecke, die sie sonst nicht sehen kann, in ihrem Spiegelbild bemerken und dann versuchen, sie zu beseitigen, so hätte sie sich im Spiegelbild erkannt.

Der Spiegelversuch: Schlüssel zur Selbsterkenntnis?

Ein Kampffisch (*Betta splendens*), dem man in seinem Aquarium einen Spiegel vorhält, färbt sich um und spreizt seine Flossen ab. Er verhält sich so, als ob er einen fremden Artgenossen vor sich hat, den er bekämpfen und aus seinem Revier vertreiben muss. Entsprechend reagieren viele Vögel vor dem Spiegel. Sie halten den gespiegelten Artgenossen für einen Fremdling. Auch Elstern reagieren anfangs in dieser Weise. Das besagt, dass sie sich nicht selbst erkannt haben, sondern das Spiegelbild als einen fremden Artgenossen einschätzen.

Ob eine Elster aber auch in der Lage ist, sich selbst zu erkennen, das prüft man mit einem Markierungsexperiment. Man bringt ihr am Vorderhals, den sie nicht mit dem Schnabel erreichen kann, eine kleine Marke an; diese kann sie nicht direkt, wohl aber in ihrem Spiegelbild sehen. Ist die Marke schwarz und hebt sich farblich nicht vom Gefieder ab, zeigt der Vogel keinerlei Reaktion. Eine Marke in einer Kontrastfarbe erkennt er im Spiegelbild und versucht sie zu entfernen: zuerst mit dem Schnabel, dann durch Kratzen mit dem Fuß, schließlich durch Reibbewegungen mit dem Hals oder dem Flügel. Ist die Marke beseitigt, hören die Putzbewegungen auf. Der Vogel hat also verstanden, dass die Marke an ihm selbst und nicht an einem gespiegelten Fremdling klebt. Von mehreren Elstern waren allerdings nur zwei in diesem Experiment erfolgreich.

Ein ähnlicher Versuch mit Spiegel wurde am amerikanischen Buschhäher durchgeführt. Diese Vögel legen überschüssige Nahrung in einem Versteck ab, aber nur dann, wenn ihnen kein Konkurrent zuschaut. Wenn sie sich im Spiegel beim Verstecken sehen, würden sie das Spiegelbild für einen Konkurrenten halten oder erkennen sie sich selbst? Im Ver-

Die Elster hat sich einer Walnuss bemächtigt und trägt sie fort, um sie zu verstecken.

Der Kolkrabe sitzt auf einer hohen Warte im Wald und tut seinen Revieranspruch durch laute Rufe kund.

such versteckten sie in aller Ruhe ihre Nahrung, wenn sie sich im Spiegel wahrnahmen. Sie hielten das Spiegelbild also nicht für einen Konkurrenten, sondern verstanden, dass sie es selbst waren.

Kolkrabe & Co.: Rabenvögel als größte und klügste Singvögel

Der Kolkrabe wurde in der Geschichte des Menschen als Vogel der Weisheit verehrt. Er wurde und wird von manchen als Galgenvogel gehasst und als Schädling verfolgt. Wenn man ihm nachsagt, dass er Lämmer und Kälber tötet, so gehört das in den Bereich der Märchen und Erfindungen. In umfangreichen dokumentarischen Beobachtungen und Filmaufnahmen ließ sich dafür kein handfester Nachweis finden. Kolkraben halten sich gern bei Großviehgruppen auf, weil sie dort Futter, tote Jungtiere, Nachgeburten, den Kot der Neugeborenen und anderes Fressbares vorfinden. In Zoos und Vogelparks kann man ihrem stimmlichen Nachahmungsgeschick und ihrer Spielbereitschaft begegnen: Sie beherrschen Menschenwörter und wenden sie an, sie reichen ein Stöckchen durch das Gitter und nehmen es wieder zurück. Schon im Alter von vier Monaten sind junge Raben erwachsenen Menschenaffen in ihren verstandesmäßigen Handlungen gleichwertig.

„Der Kolkrabe gehört zu den gewandtesten und vielseitigsten Fliegern unter den Vögeln“ (U. Glutz von Blotzheim). Um rasch aus großer Höhe herunterzukommen, können sich die Vögel des Rückenflugs mit angelegten Flügeln bedienen (K. Lorenz). Auf Müllplätzen beschäftigen sie sich spielerisch mit glänzenden Gegenständen. Dabei können sie auch Gruppenspiele entwickeln. Gegenüber einem menschlichen Beobachter am Fuß der Horstwand können Felsbrüter kleine Steinlawinen auslösen oder den

Störenfried direkt mit Steinen bewerfen. Auch die anderen Rabenvögel spielen sich in der Kognitionsbiologie nach vorn. Bei den verschiedenen Arten sind unterschiedliche Leistungen untersucht und nachgewiesen worden. Der Kolkrabe als der größte unter ihnen steht aber an erster Stelle.

Kommunikation

Ein Rabe trägt einen Zweig im Schnabel und zeigt ihn einem anderen. Dieser interessiert sich dafür, obwohl das Objekt weder zum Verzehr noch als Spielzeug geeignet ist. Es kommt aber auf diese Weise zur freundschaftlichen Begegnung zwischen den beiden Vögeln. In einer großen Gruppe von mehr als 100 freilebenden Raben wurde solch ein Verhaltensablauf innerhalb dreier Beobachtungphasen in drei Jahren 38-mal beobachtet. Die Beziehung zweier Raben mithilfe eines Objekts entspricht einer Kommunikation mit Gesten und damit einer Vorstufe von Sprache. Solche Verhaltensweisen sind sonst nur von Primaten bekannt. Bei den Raben führen sie zu einer Prüfung oder Verbesserung der sozialen Beziehung unter zwei Individuen. Man könnte den Zweig auch als Werkzeug der Kommunikation auffassen, wie unter uns Menschen eine Flagge oder eine Pfeife.

Empathie: Mitleid mit einem anderen

Kann ein Rabe einem Partner, der in eine Stresssituation geraten ist, Mitleid entgegenbringen? Dann müsste er ihm gegenüber Verhalten zeigen, das ihm Trost spendet. Raben verfügen nicht über Mimik, sie

Zwei Kolkraben sind vertraut miteinander und verständigen sich durch Schnäbeln.

weinen nicht. Sie können einen Artgenossen auch nicht streicheln oder umarmen. Aber Rabenvögel verfügen über ein anderes Mittel der Zuwendung. Zwei Raben kämpfen miteinander. Ein dritter Vogel schaut zu. Das unterlegene Opfer ist mit dem Zuschauer bekannt oder sogar verpaart. Jetzt nähert sich der Zuschauer dem Opfer und beginnt mit ihm zu schnäbeln. Das Opfer beruhigt sich und wirkt getröstet. Es kann auch von sich aus zu dem Zuschauer hingehen und Trost erbitten.

Kolkraben kennen Vogelstimmen

Kolkraben im Almtal in Oberösterreich: Hier lebt eine eingehend untersuchte Gruppe von bis zu 130 Vögeln, die sich täglich im Gehege des dortigen Tierparks einfinden, wo Wildschweine gefüttert werden. Hier hat man ihnen Alarmrufe verschiedener Vogelarten vorgespielt und kontrolliert, wie sie darauf reagieren. Auf Alarmrufe von Eichel- und amerikanischen Blauhähern, aber auch von Dohlen, reagieren sie teilweise genauso wie auf arteigenen Alarm: durch Flucht, bewegungsloses Sichducken oder Aufmerken. Aber die spitzen Alarmschreie von zwei Möwenarten lösten kaum Feindreaktionen der Raben aus. Man muss nicht annehmen, dass die Raben die Stimmen der Verwandten kennengelernt haben. Vielleicht erkennen sie diese Rufe schon angeborenermaßen an allgemeinen Rabenvogelmerkmalen, die bei den Möwen fehlen.

Futterverstecke geheimhalten

Rabenvögel neigen dazu, überschüssiges Futter aufzuheben (s. S. 59). Damit es nicht von Konkurrenten gestohlen wird, müssen sie es verstecken. Ein Rabe versteckt seine Futterportion möglichst nur dann, wenn kein Artgenosse in der Nähe ist, der das Verstecken beobachten und nachher das Versteck ausräumen kann. Es genügt auch, wenn der andere Rabe in seiner Aufmerksamkeit abgelenkt ist. Je nach Situation verfügen die Vögel über eine ganze Reihe von Strategien, um ihre Futterverstecke zu schützen: Sie können das Futter wiederholt an anderer Stelle verstecken, sie können es an schwer einsehbarer Stelle unterbringen oder gleich außer Sichtweite eines Konkurrenten, sie können es auch auf mehrere kleine Verstecke verteilen oder nur zum Schein irgendwo verbergen. Alle diese Strategien sind dazu gemacht, die Konkurrenten zu täuschen oder ihnen das Wissen über das Versteck gezielt vorzuenthalten. Die Grundfrage, die sich an den Besitzer des Vorrates richtet, ist: Inwieweit kann er sich in die Wünsche und Beobachtungen des anderen Individuums hineinversetzen und ihm ansehen, was er plant? Das scheint bei Raben in erheblichem Maße der Fall zu sein.

Verständigung untereinander: Gesang und Rufe

Die Stimme des Vogels

Was wir Menschen und die anderen Säugetiere mit den Stimmlippen oder -bändern im Kehlkopf (Larynx) direkt unterhalb des Rachens produzieren, dafür hat der Vogel ein Instrument tiefer unten im Hals, dort wo sich die Luftröhre in die beiden Bronchien gabelt. Hier liegt die Syrinx, benannt mit einem griechischen Wort, das ursprünglich die Panflöte meint. Die Syrinx ist im Wesentlichen verantwortlich für die wunderbare Vielfalt der Vogelstimmen – natürlich im Zusammenspiel mit dem Gehirn und dem Gehör, mit den verbindenden Nerven, der zugehörigen Muskulatur, der Luftröhre und weiteren Organen. In der Syrinx liegen vor allem die zwischen Knorpelspangen ausgespannten paarigen Tympanalmembranen, die durch Schwingungen je nach Spannung und Luftdruck höhere oder tiefere Töne erzeugen können. Da sie bei den Singvögeln paarig angelegt sind, können diese Vögel zweistimmig singen, das heißt zwei unterschiedliche Töne zur gleichen Zeit hervorbringen. Meist dominiert aber die linke Seite der Syrinx und auch die entsprechende Hirnhälfte. Das erinnert an das Broca-sche motorische Sprachzentrum des Menschen, das ebenfalls in der linken Großhirnrinde lokalisiert ist.

Das Rotsternige Blaukehlchen zeigt eine bunt gemusterte Brustzeichnung, die mit dem Gesang bewegt wird.

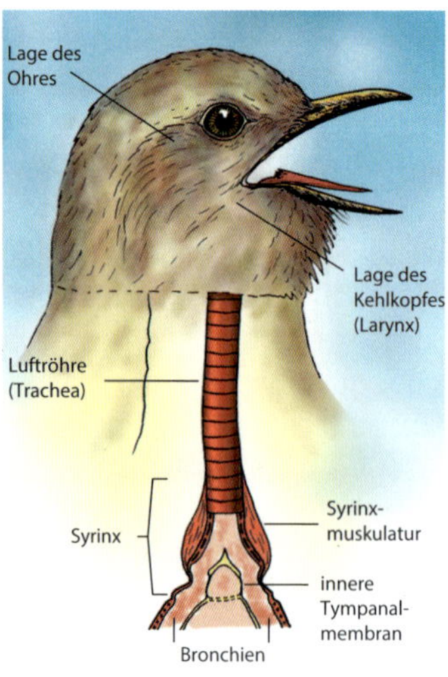

Das Stimmorgan des Vogels liegt am unteren Ende der Luftröhre .

Die beiden schwingenden Membranen stellen aber noch längst nicht alles dar, was für die Erklärung der Stimmenvielfalt der Vögel notwendig ist. Für Vibrato, Geräusch, Obertöne und sonstige Ausgestaltung der Lautäußerungen muss man weitere Strukturelemente in der Syrinx und ihrer Umgebung verantwortlich machen, über die man noch wenig weiß. Die Länge der Luftröhre und der Mundraum spielen ebenfalls eine Rolle, besonders bei der Produktion von Obertönen und beim Schalldruck. Die Syrinx wird außen eingehüllt von einem Mantel an Muskulatur, der die Lautproduktion steuert. Die Muskulatur besteht bei einem Habicht nur aus einem Muskelpaar, bei Papageien aus drei Paaren, bei Singvögeln aber aus fünf bis neun Paaren. Damit erklärt sich unter anderem die große Vielfalt der Lautäußerungen bei Singvögeln.

Für den Luftstrom, der den stimmlichen Lautäußerungen zugrunde liegt, ist nicht die Lunge zuständig, die bei Vögeln klein und weitgehend größenkonstant ist, sondern es sind vielmehr die Luftsäcke die den Vogelkörper durchziehen und teilweise bis in die Knochen hineinreichen (s. S. 13). Im Bauchraum gibt es die größten dieser Luftsäcke und sie werden wie die Blasebälge an einer Orgel gefüllt oder geleert. Der Vogel singt also hauptsächlich aus dem Bauch heraus. Das sieht man sogar dem Schwanz an, der im Takt des Gesangs auf- und abwärts bewegt wird. Wie die ausgeatmete Luft die Elemente von Gesängen und Rufen hervorbringt, erkennt man am besten dann, wenn ein Vogel bei eiskalter Temperatur im Gegenlicht vor dunklem Hintergrund singt oder ruft. Dann wird bei jedem Ton des Gesangs und jedem Ruf ein kleines Atemwölkchen sichtbar, das aus dem Schnabel hervortritt.

Eine laute Stimme verlangt eine lange Luftröhre. Die meisten Kraniche, der Singschwan und andere Arten legen für diesen Zweck die Luftröhre in Schlingen. Diese Schlingen liegen nicht frei im Hals oder im Brustraum, sondern haben sich in den ausgehöhlten Brustbeinkamm hineinentwickelt, der dadurch verbreitert und mit zusätzlichen Knochenblasen versehen wird. Die Schlingen erinnern an den Bau einer Trompete und anderer Blechblasinstrumente.

Singvögel und Nicht-Singvögel

„Zizidää-zizidää-zizidää" singt die männliche Kohlmeise schon im Spätwinter und im frühesten Frühjahr. Gesang wird meist von den Männchen zur Brutzeit und anhaltend ohne besonderen auslösenden Reiz vorgebracht. Er ist fast immer kompliziert zusammengesetzt, dies im Gegensatz zu den Rufen (S. 101). Gesang dient der Markierung eines Reviers und der Werbung um ein Weibchen, was ab Seite 91

Jeder Stimmlaut des Auerhahns bringt bei kalter Witterung ein Atemwölkchen hervor.

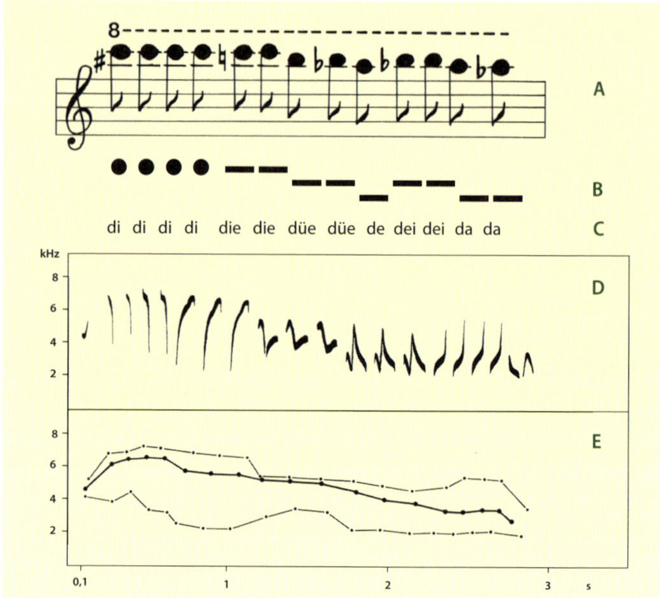

Gesangsstrophe des Fitis in verschiedenen grafischen Darstellungsformen:
A Notenschrift
B schematischer Tonhöhen- und Tonlängenverlauf
C sprachliche Umschreibung
D Sonagramm
E Sonagrammauswertung mit oberer und unterer Hüllkurve sowie den Energieschwerpunkten der Elemente (mittlere Linie).

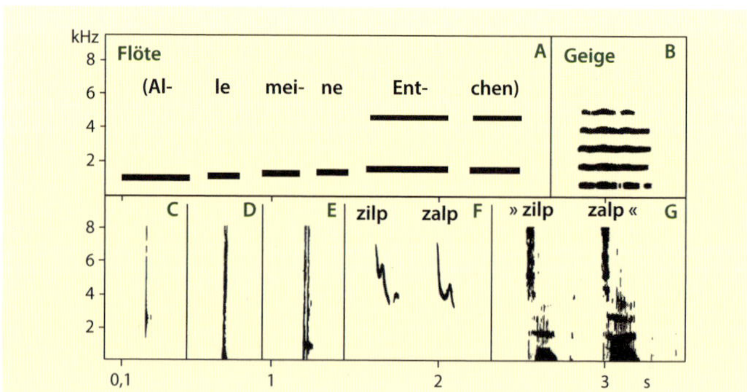

Bekannte Lautformen im Sonagramm: **A** Volksliedmelodie „Alle meine Entchen“, mit der Blockflöte gespielt, erster Ton 1046 Hz, die beiden letzten Töne tragen einen Oberton. **B** Erster Ton derselben Melodie, mit der Geige gespielt, Obertöne. **C** Fingerschnippen. **D** Händeklatschen. **E** Zungenschnalzen. **F** Zwei Elemente aus dem Gesang des Zilpzalps. **G** Zilpzalp, mit Männerstimme gesprochen.

noch weiter ausgeführt wird. Gesang ist aber nicht allein ein Merkmal der mehr als 4000 Singvogelarten. Wenn man die Strophen einer Ringeltaube oder eines Rotschenkels oder eines Auerhahns hört, besteht kein Zweifel daran, dass auch diese Nicht-Singvögel singen können und dass man diese komplizierten, oft wiederholten und teilweise mit Aggression und Werbung verbundenen Lautäußerungen auch als Gesang bezeichnen muss. Sie müssen auch nicht gelernt sein, wie bei den meisten Singvögeln. Zu diesen Sängern gehört auch der Kuckuck, obwohl der Jungvogel niemals seinen Vater singen hört und nicht von ihm lernen kann. Gesang kann man auch bei den folgenden Vogelgruppen oder -arten finden: Auerhuhn und andere Hühnervögel, Goldregenpfeifer und andere Regenpfeifer, Brachvogel und andere Schnepfenverwandte, Wachtelkönig und andere Rallen, Waldkauz und andere Eulen, Schwarzspecht und andere Spechte. Auch Rohr- und Zwergdommeln singen. Die mit ihnen verwandten Grau- und Purpurreiher dagegen singen nicht. Während die Kleinralle eine ausgedehnte wohlklingende Strophe vorträgt, kennt man beim verwandten Blässhuhn nur schrille Rufe. Das im Duett vorgetragene Trillern eines Zwergtaucherpaares kann man ebenfalls als Gesang auffassen, streng genommen ebenso das gemeinschaftliche Schnabelklappern eines Storchenpaares. Nicht alle Angehörigen einer Verwandtschaftsgruppe müssen sich gleichartig verhalten. Bei den Nicht-Singvögeln scheint das Gesangslernen keine Rolle zu spielen. Aber auch mit angeborenermaßen entwickeltem Gesang kann man Konkurrenten und Weibchen beeindrucken – ob beim Krähen des Haushahns oder beim Gesang der Waldohreule.

Der singende Buchfink hebt den Kopf und öffnet den Schnabel weit.

Bedeutung des Gesangs

Gesang ist in seiner Form vielgestaltig. Leider ist auch die Funktion nicht einheitlich. Mit Funktion ist gemeint: Wozu ist der Gesang gut? Das merkt man schnell, wenn man ihn zur Fortpflanzungszeit der Vögel draußen vorspielt. Erklingt Buchfinkengesang im Revier eines Buchfinken, kommt dieser prompt angeflogen, ruft Alarm und sucht nach dem vorgespiegelten Konkurrenten, um ihn zu vertreiben. Ein Zaunkönig, der seinen Artgesang vom Lautsprecher hört, wird so aufgeregt, dass er auf den Lautsprecher springt und auf ihn einpickt, wenn aus ihm die Strophen kommen. Der Buchfink reagiert nicht, wenn Zaunkönigsgesang ertönt, der Zaunkönig bleibt fern, wenn der Gesang des Buchfinken erklingt. Der Gesang dient also der Markierung des Reviers gegenüber Artgenossen. Auf Dauer tun sie als Nachbarn am besten, dem Revier fernzubleiben, wenn sie dauernde

Kämpfe vermeiden wollen. Der Gesang ist artspezifisch. Er ist typisch für die Art und wirkt auch nur auf Artgenossen.

Der Gesang des Männchens lockt aber auch paarungsbereite Weibchen an. Das ist die zweite wichtige Funktion. Der Gesang muss dafür sorgen, dass nicht artfremde Partner sich verpaaren, sondern nur Individuen derselben Art. Die Weibchen müssen also den Gesang genauso kennen und kennenlernen wie die Männchen, bloß singen sie meistens nicht. Es gibt aber Arten, bei denen die Weibchen ebenfalls singen. Weibliche Rotkehlchen singen im Winter und markieren damit eigene Territorien. Bei vielen weiteren Vogelarten singen auch die Weibchen, aber darüber ist wenig bekannt.

Der Fitis hat seine wohlklingende Strophe gelernt.

Gesangslernen

Entwicklung ohne oder mit falschem Vorbild

Der Singvogel muss von einem arteigenen Vorsänger lernen, um normal und arttypisch singen zu können. Er lernt sogar den Dialekt mit, den sein Vorbild gesungen hat (s. S. 102). Dieses Weitergeben von Gesängen von einer Generation zur nächsten ist das, was wir Tradition nennen. Vogelgesänge werden in großem Stil tradiert.

Ein Hahn auf dem Hühnerhof entwickelt als Jungvogel sein Krähen – den Gesang – ganz aus eigenen Stücken ohne Vorbild. Ein vorbildlos aufgewachsener Singvogel kann das nicht. Sein Gesang wirkt später ganz fremd und unvollständig und wird auch nicht von den Artgenossen anerkannt. Solche abweichenden Gesänge nennt man „Kaspar-Hauser"-Gesänge. Lernt der Vogel nach einem falschen Vorbild, so wird er zum Mischsänger. Manche Fitisse flechten Strophen des Zilpzalps in ihren Gesang ein. Es gibt andere solche Mischsänger, die verschiedene Vorbilder kombinieren. Wenn ein Sänger konstant falschen Gesang vorträgt, wird er normalerweise kein arteigenes Weibchen finden und fällt aus der Generationenfolge heraus, kann also seine Gene nicht weitergeben.

Spotten: Nachahmung fremder Stimmen

Für das Nachahmen von fremden Lautäußerungen verwendet man in der Vogelkunde den Begriff Spotten oder Spottgesang. Die Vögel, die dieses Nachahmen beherrschen, nennt man Spötter oder Spottsänger. Zu ihnen gehören in Mitteleuropa Star, Sumpf-, Schilf- und Teichrohrsänger, Singdrossel, Blaukehlchen, Gartenrotschwanz, Haubenlerche, Feldlerche, Neuntöter, Rotkopfwürger und einige mehr. Die Kohlmeise ist begabt, andere Vogelstimmen nachzuahmen, z.B. den Gesang der Sumpfmeise. Sie gilt aber nicht eigentlich als spottende Vogelart. Gelbspötter und der von Südwesten her bei uns einwandernde Orpheusspötter sind Arten, die das Spotten direkt in ihrem Namen tragen. Aber nur der Gelbspötter ahmt wirklich fremde Vogelstimmen nach, der Orpheusspötter und die mediterranen Verwandten Blassspötter und Olivenspötter tun dies nicht. Stare können sogar technische Geräusche wie das Knarren einer Tür nachmachen. Sie sind aber auch gut in den Lauten vom Hühnerhof oder einer Reiherkolonie. Die Fremdmotive müssen nicht direkt nach dem artfremden Vorbild gelernt werden, sondern können auch aus dem Repertoire eines Artgenossen stammen.

Der Gelbspötter gehört zu den besten Spottsängern.

Steht noch die Frage im Raum, wieso manche Arten sich überhaupt artfremder Elemente, Motive oder Strophen in ihren Gesängen bedienen. Spotten bedeutet Bereicherung. Bei manchen Vogelarten wie dem Schilfrohrsänger ist es nachgewiesen: Ein Männchen mit reichem Gesang ist den Konkurrenten ohne Bereicherung überlegen, wenn es um die Partnerwahl geht. Alternativ kann der Vogel auch improvisieren, das heißt Elemente, Motive und Strophen selbst erfinden. Vielen Vögeln scheint aber das Imitieren leichter zu fallen oder näher zu liegen als das Improvisieren.

Bei manchen Spottsängern kann man ganze Sequenzen von Nachahmungen heraushören, die von einer Vorbildart stammen: Ein Rotkopfwürger ahmt Gesangsstücke und Rufe einer Samtkopfgrasmücke nach. Eine Haubenlerche versteht sich ebenfalls darauf, verschiedene Rufe und Strophen einer Art aneinanderzureihen. Die Individuen der nachgeahmten Arten scheinen aber dieses Imitieren gar nicht zur Kenntnis zu nehmen. Möglicherweise klingen die Nachahmungen doch etwas abweichend oder sind in ihrem babylonischen Motivgemisch für die nachgeahmte Art nicht mehr attraktiv.

Sumpfrohrsänger: der Fünf-Sterne-Sänger

Unter den europäischen Singvögeln gilt der Sumpfrohrsänger als der beste Imitator. Möglicherweise besteht sein anhaltend vorgetragener

Der Sumpfrohrsänger trägt seinen vielgestaltigen Gesang aus dem Gebüsch heraus vor.

Gesang ausschließlich aus fremden Gesangsmotiven oder den Rufen anderer Arten. Die Imitationen sind so exakt, dass man sie einwandfrei erkennen kann. Man hat 212 nachgeahmte Arten gefunden; die Sensation besteht aber darin, dass in dieser Zahl 113 Vorbilder nur im afrikanischen Durchzugsgebiet oder Winterquartier des Sumpfrohrsängers vorkommen. Die Rohrsänger dürften also in Afrika ihr Lernen fortgesetzt haben, das sie als Jungvögel in Europa begonnen haben. Sie singen sogar während ihres Winteraufenthaltes in Afrika. Wenn sie in ihr Brutgebiet zurückgekehrt sind, lernen sie allerdings nicht mehr weiter. Spielt man ihnen dort Motive vor, die noch nicht in ihrem Repertoire vorhanden sind, nehmen sie sie nicht auf. Das zeitbegrenzte Lernen, das man auch von anderen Singvögeln kennt, kann man mit einem Fahrzeug vergleichen, dessen Fenster vorübergehend geöffnet und dann wieder geschlossen wird. Nur während der Öffnungsphase kann das Vorbild in das Innere aufgenommen werden. Man bezeichnet das als eine sensible Phase des Lernens. Es gibt allerdings auch Vögel, die lebenslang oder immer wieder im Frühjahr weiterlernen können. Zu ihnen gehört der Kanarienvogel, ein zum Haustier gewordener Abkömmling des Kanarengirlitzes, der auf den Kanarischen Inseln und Madeira lebt.

Wie viel Gesang?

Der Buchfink ist nicht nur ein häufiger Vogel („Wo ein Baum ist, ist auch ein Buchfink"), er singt auch eifrig. Er ist oft schon an den ersten sonnigen Vorfrühlingstagen im Februar zu hören und singt dann bis in den Juli hinein. Er ist wie viele andere Vögel ein ausgesprochener Strophensänger: Auf eine Strophe von etwa 2,5 Sekunden Dauer folgt ein stummes Intervall von einigen Sekunden, daran schließt sich die nächste Strophe an. Das kann sich stundenlang fortsetzen. Auf diese Weise kommen zahlreiche Strophen pro Tag zusammen. In einer jeweils im Mai über Jahre hin gesammelten Stichprobe von 23 verschiedenen Individuen wurden pro Tag zwischen 517 und 4549 gesungene Strophen notiert. Im Durchschnitt waren es an die 2200 Strophen pro Tag. Nimmt man im Mittel 2,5 Sekunden Strophendauer an, so erhält man für 2200 Strophen eine reine Gesangszeit von 91,7 Minuten, das sind gut anderthalb Stunden. Für den Sänger mit den mehr als 4500 Strophen ergibt sich eine Netto-Gesangszeit von 190 Minuten, das sind drei Stunden und zehn Minuten. Dabei muss man bedenken, dass der Vogel in den Sekunden zwischen den Strophen wenig Zeit für Nahrungsaufnahme, Kampf- oder Werbeverhalten und andere Beschäftigungen findet. Allein sein zeitlicher Aufwand geht also über die reine Gesangszeit weit hinaus. Für das Bebrüten eines Geleges würde ihm kaum Zeit bleiben. Beim Buchfinken ist es bekannt: Das bunte Männchen brütet nicht, die Aufgabe überlässt es dem unauffällig gefärbten Weibchen. Das Männchen beteiligt sich aber später beim Füttern der Jungen. Dann mag er weniger singen, vielleicht noch so viel, dass seine Söhne und Töchter im Nest ihn noch hören können.

Die Bekassine erzeugt das „Meckern“ mit ihren äußeren Schwanzfedern.

Was er auch noch kann: Instrumentallaute

Wenn zwei Buchfinkennachbarn an der gemeinsamen Reviergrenze miteinander kämpfen, äußern sie Serien von knappenden Schnabelgeräuschen, die durch das Zusammenschlagen von Ober- und Unterschnabel entstehen. Wenn ein solcher Vogel ein fliegendes Insekt in der Luft fängt, hört man ebenfalls ein kurzes Schnabelknappen. Die Partner eines Weißstorchpaares begrüßen einander am Horst durch anhaltendes Schnabelklappern. Selbst die noch flugunfähigen Jungen im Horst können sich nach oben recken und schon kurz mit dem Schnabel klappern. Eine Bekassine erzeugt bei ihrem Schauflug über dem Revier im Frühjahr bei schräg abwärts führenden Sturzflügen jeweils ein meckerndes Geräusch, das mit den äußersten Schwanzfedern hervorgebracht und mit den Flügeln rhythmisch moduliert wird. Der Vogel wird deshalb auch Himmelsziege genannt. Viele Vögel bringen während ihres normalen Streckenflugs mit bestimmten Schallschwingen im Flügel pfeifenden Flugschall hervor. Bei der Schellente ist das besonders ausgeprägt. Umgekehrt ist das Flügelgefieder bei dunkelaktiven Eulen wie dem Uhu schallgedämpft, sodass der Flugschall weder den Beutegreifer selbst stört noch das Beutetier aufmerksam macht. Bei dem tagaktiven Sperlingskauz fehlt die Schalldämpfung. Die gut gedämpfte Waldohreule kann aber mit ihren Flügeln während der Balz peitschende Knallgeräusche erzeugen.

Die Weißstorchpartner begrüßen einander mit Gesten und instrumentalem Schnabelklappern, wenn sie sich auf dem Horst treffen.

Gesang und Lärm

Lauter Straßenlärm ist für die singenden Vögel belastend. Manche ziehen einfach um und verlieren dadurch ein Stück ihres Lebensraums. Andere singen weniger zu der Tageszeit, wenn der Verkehrslärm am größten ist. Bei Kohlmeisen hat man auch schon bemerkt, dass manche Vögel mit der Stimme ausweichen. Sie singen in höheren Frequenzen, weil dort der Lärm weniger ausgeprägt ist. Nach neueren Befunden aus dem Max-Planck-Institut für Verhaltensbiologie in Seewiesen wirkt sich Lärm sogar auf die Entwicklung der Vögel aus. Das Immunsystem wird gehemmt. Das an eine bestimmte Entwicklungsphase gebundene Lernen tritt verzögert ein. Beim Lernen treten vermehrt Kopierfehler auf. Als akustisch aktive und geprägte Wesen sind Vögel also durch menschengemachten Lärm erheblich störbar. Das gilt umso mehr für Knallgeräusche bei der Jagd und beim Feuerwerk (s. S. 134). Selbst natürlicher Lärm kann störend wirken: Bei der Nahrungssuche meiden viele Vögel die Geräuschkulisse eines Baches, sowohl als natürliches Geräusch als auch im Experiment, wenn es künstlich erzeugt wird. Dies betrifft nicht die Bachvögel wie die Wasseramsel, sondern andere Arten.

Morgenchor – die Vogeluhr

Es ist noch dunkle Nacht und bei den Tagvögeln herrscht Ruhe. Doch Nachtigall und Sumpfrohrsänger lassen sich auch jetzt im Dunklen hören. Mitte Mai wird die Sonne um 5 Uhr 30 aufgehen. Jetzt aber ist es 80 Minuten vor Sonnenaufgang, kurz nach 4 Uhr, das allererste Morgengrauen regt sich am Osthimmel. Plötzlich beginnt am Waldrand der Gartenrotschwanz zu singen. Gleichzeitig erschallt draußen auf der Mähwiese der erste Feldlerchengesang. Erst später gesellt sich die Singdrossel dazu, dann kommen andere Arten. Auch die Amsel ist früh dran. Den klassischen Beginn mit Gartenrotschwanz und Feldlerche wird man heute allerdings an vielen Orten vermissen. Der Gartenrotschwanz ist seit Jahrzehnten langfristig seltener geworden, die Feldlerche steht in der Agrarlandschaft vor dem Aussterben. In den Ortschaften tritt an die Stelle des Gartenrotschwanzes als Frühsänger der Hausrotschwanz. Über den Äckern herrscht Stille.

Die tageszeitliche morgendliche Vogeluhr an einem Frühlingstag (aus Bergmann & Westphal 2019)

	Minuten vor Sonnenaufgang	
Star	15	Grünfink
Haussperling	20	Girlitz
Buchfink	30	
Blaumeise Zilpzalp	35	Heckenbraunelle Baumpieper
Kohlmeise	40	Trauerschnäpper
Zaunkönig Mönchsgrasmücke	45	Goldammer
Rotkehlchen	50	Kuckuck Ringeltaube
Singdrossel	55	Amsel
Rauchschwalbe	60	
Hausrotschwanz	70	
Gartenrotschwanz	80	Feldlerche
Nachtigall	Nacht	Sumpfrohrsänger

In geeignetem Lebensraum lässt sich tatsächlich eine tageszeitliche Reihenfolge des Gesangsbeginns der einzelnen Arten feststellen. Die meisten Vögel fangen wie geschildert bereits in den frühen Morgenstunden an zu singen, wobei es ausgesprochene „Frühaufsteher" wie auch „Langschläfer" gibt. Aber selbst die spätesten Langschläfer sind bis zum Sonnenaufgang aktiv geworden. Kommt man eine Stunde später, haben die Amseln mit ihrem Frühgesang schon wieder aufgehört. Der Gesangseinsatz der einzelnen Arten richtet sich nach dem Sonnenaufgang, der wiederum vom Kalenderdatum und dem Breitengrad abhängt. Eine gewisse Helligkeitsschwelle in der Morgendämmerung wirkt dabei als Auslöser, wobei jede Vogelart ihre spezifische „Gesangshelligkeit" benötigt. Garten- und Hausrotschwanz etwa beginnen bereits 80 Minuten vor Sonnenaufgang zu singen, Sperlinge, Stare und Grünfinken werden dagegen erst etwa 15 bis 20 Minuten vor Sonnenaufgang aktiv.

Der Hausrotschwanz gehört zu den frühesten Sängern in der tageszeitlichen Vogeluhr.

Die Helligkeit mag für den einzelnen Sänger direkt steuernd wirken, aber was für ein Vorteil steckt allgemein hinter dem Frühgesang? Die Ursachen für den Morgenchor sind nicht letztlich geklärt, doch werden etliche Möglichkeiten ins Feld geführt. Morgens ist die Luft feucht und überträgt den Schall besser als zu anderen Tageszeiten. Eine hierfür günstige Schichtung der Luft wird im Laufe des Tages durch Luftturbulenzen aufgelöst. Außerdem müssen die Vögel nach der Nachtruhe zuerst einmal ihren Besitzanspruch demonstrieren, ehe sie sich der Nahrungssuche widmen können. Gegen Abend kommt es häufig zu einem zweiten weniger ausgeprägten Maximum im Gesang. Manche Vögel singen in diesen Phasen nicht nur häufiger, sondern sogar einen intensiveren Gesang als während des Tages. Das könnte ein Ausdruck höherer Aggressivität gegenüber Konkurrenten, aber auch stärkerer Werbebereitschaft gegenüber Weibchen sein. Wenn man im Freiland einem singenden Vogel den ganzen Tag zuhört, wird man aber auch wahrnehmen, dass er sich nicht so streng nach den Regeln richtet. Ein Buchfink, der über den Tag hin 4000 Strophen singen kann, findet gar nicht die Zeit, sie alle im Morgen- und Abendchor unterzubringen, sondern singt den ganzen Tag über mit kleinen Unterbrechungen.

Die Zeitspanne zwischen Gesangsbeginn und Sonnenaufgang wird als „Vorsprung" bezeichnet. Kennt man diese Spanne, ist es in gewissen Grenzen möglich, anhand des Gesangsbeginns einzelner Vogelarten die Uhrzeit zu bestimmen. Man spricht daher auch von einer „Vogeluhr",

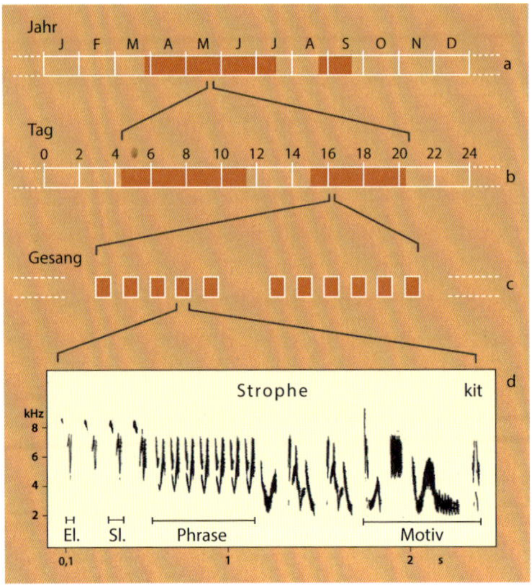

Zeitstrukturen des Vogelgesangs: **a** Frühjahrs- und Herbstgesang; **b** Tagesgesang, oft mit mittäglicher Pause; **c** Gesang als Folge von Strophen mit Pause; **d** Strophenstruktur am Beispiel einer Buchfinkenstrophe. Die Strophe endet mit einem imitierten „kit", das dem Ruf eines Buntspechts entspricht (aus Bergmann & Helb 1982, verändert).

die allerdings von Ort zu Ort unterschiedlich gestellt werden muss, weil die „Vorsprungswerte" regional voneinander abweichen können. Außerdem werden der Gesangsbeginn und die Gesangsaktivität noch von einer Reihe verschiedener anderer Faktoren beeinflusst. Dazu zählen Witterungseinflüsse wie Nebel, Regen oder starker Wind ebenso wie die künstliche Beleuchtung in Städten oder die Populationsdichte einer Vogelart am gegebenen Ort. Wo viele Männchen der gleichen Art leben, ist die Gesangsaktivität stärker ausgeprägt als bei geringer Dichte. Der Sinn eines tageszeitlich unterschiedlichen Gesangsbeginns liegt wohl auch darin, die Gesänge zeitlich zu entzerren, damit die Vögel allzu großer akustischer Konkurrenz entgehen. Wer je den Klangteppich eines frühmorgendlichen Amselkonzerts erlebt hat oder den lautstarken Kontergesang zweier rivalisierender Singdrosseln, kann sich leicht vorstellen, dass es für andere Vogelarten mit leiseren Stimmen schwierig sein wird, sich zwischen so lauten Nachbarn akustisch bemerkbar zu machen.

Weil die Sonne im Frühjahr immer früher aufgeht, beginnen auch die Vögel entsprechend früher zu singen. Für den Vogelbeobachter bedeutet dies, dass er Mitte Juni zu nächtlicher Stunde aufstehen muss, um die morgendliche Vogeluhr erleben zu können. Wer die nächtlich singenden Vögel hören will, der sollte es besser abends bis in die Nacht hinein versuchen.

Ein typischer Nachtsänger ist auch die Nachtigall – wenngleich meist nur für kurze Zeit im Jahr. Wie die meisten anderen insektenfressenden Zugvögel wandern auch Nachtigallen in der Dunkelheit. Bei dieser Art treffen die Männchen stets einige Tage früher als die Weibchen im Brutrevier ein und singen ausdauernd nachts, um eine potenzielle Partnerin vom Himmel zu locken. Sobald die Nachtigallenmännchen verpaart sind, singen sie hauptsächlich morgens und abends, ja sogar am hellen Mittag, wenn viele andere Sänger verstummen. Ähnlich wie bei der tageszeitlichen Vogeluhr kann man auch Beginn, Verlauf und Ende der Vogelgesänge über das Jahr hin verfolgen. Die ersten Sänger sind schon im Winter aktiv: Es sind Kleiber und Meisen, bei Nacht auch der Waldkauz. Wer als Einsteiger Vogelgesänge kennenlernen will, sollte damit also früh im Jahr beginnen, nicht dann, wenn im Mai der gesamte Vogelchor zugleich erklingt. Nach einer Sommerpause tritt bei einigen wenigen Arten auch noch einmal Herbstgesang auf.

Gesang im Herbst, Gesang im Winter

Mitte Juli ist die Jahreszeit, in der die meisten Vogelgesänge ihr jahreszeitliches Ende finden. Die Vögel haben ihre Brutzeit abgeschlossen, sie haben die Jungen aufgezogen, sie treten in die Jahresmauser ein. Da ist kein Anlass mehr zum Singen. Selbst die Goldammer-Männchen, die man noch Anfang August ihre Strophen vortragen hört, sind auf das Gesangsende eingestellt, obwohl sie auch manchmal noch im Herbst ein paar Strophen zum Besten geben.

Im weiteren Verlauf des Augusts herrscht dann weitgehend Stille. Mitte August lassen sich aber plötzlich die ersten Zilpzalpe wieder hören. Sie singen zunächst kaum, sondern äußern sich mit ihren Rufen: ein hochgezogenes, obertonhaltiges „hüid“, das sie täglich hören lassen, manchmal stundenlang wiederholt, jede Sekunde einmal. Sie halten sich dabei im Gebüsch auf, dort, wo sie vermutlich gebrütet haben. Die Rufe setzen sich den ganzen September über intensiv fort, sie schwächen sich erst nach Mitte Oktober allmählich ab und enden dann an den ersten Novembertagen. Danach sind die letzten Zilpzalpe verschwunden, abgezogen zur Überwinterung. Da die Rufe so kontinuierlich und reviergebunden auftreten, könnte man sie Rufgesang nennen (S. 101). Im Vergleich mit den Rufen treten die eigentlichen Herbstgesänge beim Zilpzalp viel seltener auf. Sie sind nur gelegentlich zu hören, besonders bei sonnigem Wetter. Die Sänger tragen sie dann gern von den höchsten Baumwipfeln aus vor.

Der Zilpzalp singt im Frühling ab März und dann in den Sommer hinein. Nach einer Mauserpause singt und ruft er nochmal im Herbst.

Zur gleichen Zeit, im September und Oktober, hört man zeitweise auch den Hausrotschwanz auf dem Dachfirst und das Rotkehlchen im Gebüsch singen. Hausrotschwanz, Zilpzalp und Rotkehlchen sind typische Herbstsänger in Mitteleuropa. Dabei bleibt uns das Rotkehlchen gemeinsam mit dem Zaunkönig auch im Winter erhalten, wenn die beiden anderen sich schon nach Süden aufgemacht haben. Was soll es also, wenn zwei Arten im Herbst singen, dann aber verschwunden sind? Vermutlich haben sie ihren Anspruch auf einen Brutzeitstandort schon frühzeitig angemeldet, um dann im Frühjahr gleich daran anschließen zu können. Beim Rotkehlchen ist es aber anders.

Das Rotkehlchen ist ein Ganzjahressänger, hier im Frühjahr. Als Jahresvogel ist es auch im Winter zu hören und trägt dann territorialen Gesang vor. Dabei beteiligen sich auch die Weibchen in eigenen Territorien.

Rotkehlchen und Hormone

Bei etlichen Vögeln wissen wir es genau: Im Frühjahr singen sie am meisten, zur Jahresmitte hört man sie kaum, dann beginnen sie im Spätsommer und Herbst noch einmal mit etwas weniger intensivem Gesang, der vor dem Jahresende verlischt. Schaut man in die Vögel hinein, so findet man parallel verlaufende Konzentrationen des männlichen Hormons Testosteron bei den Männchen: Im Frühjahr viel, in der Jahresmitte wenig, dann nochmals ein Schub in der zweiten Jahreshälfte, gegen Jahresende gar nichts. Bei den Weibchen, die nicht oder kaum singen, bleibt auch das Testosteron das ganze Jahr über bedeutungslos bei minimalen Konzentrationen.

Anders beim Rotkehlchen. Diese Vögel sind entweder Jahresvögel, die das ganze Jahr bei uns bleiben, oder doch Teilzieher, von denen einige wegziehen, andere bleiben, weitere zum Überwintern aus dem Norden zu uns kommen. Das Auffallende ist: Auch die Weibchen singen im Winter und nehmen ein Revier in Anspruch. In der Tat ist bei ihnen im Winter auch eine erhöhte Testosteron-Konzentration festzustellen. Bei den Männchen gilt das nicht. Sie haben zwar die erhöhte Hormonkonzentration im Frühjahr, singen aber im Winter ohne Hormon – vielleicht auch mit ganz wenig. Allgemein sind Singvogelweibchen im Prinzip immer in der Lage zu singen, tun dies aber meist nur dann, wenn ihnen im Experiment Testosteron künstlich zugeführt wird. Normalerweise gilt seit jeher: Sie kennen Gesang, sie können Gesang, aber sie tun es nicht. Wir müssen selbstverständlich annehmen, dass sie jederzeit den arteigenen Gesang erkennen können und auch den des eigenen Männchens und den eines fremden Besuchers unterscheiden. In jüngerer Zeit stellt sich aber doch heraus: Es gibt mehr Weibchengesang als man bisher angenommen hat. Jedermann ist aufgefordert, mehr auf singende Weibchen zu achten.

Die Rufe

Mit Gesang und Instrumentallauten ist es keineswegs getan bei der Kommunikation der Vögel. Sie beherrschen zusätzlich ein Repertoire von Rufen. Diese Rufe können den Weibchen genauso wie den Männchen zu eigen sein. Sie sind meist auch nicht so eng an die Brutzeit gebunden wie der Gesang, sondern eher an bestimmte Situationen. Das sei am Beispiel des Buchfinken vorgeführt. Männchen wie Weibchen äußern den namengebenden Ruf „pink". Wird er einzeln geäußert, nennt man ihn auch Sozialruf. Er erklingt gelegentlich aus rastenden Gruppen von Buchfinken während der Wanderung. Bei Wiederholung wird er zum allgemeinen Alarmruf. Ein erregter Buchfink äußert ihn anhaltend wiederholt in zwei- oder dreisilbigen Phrasen: „pink-pink-pink". Das kann sich steigern und ein höchsterregter Vogel reiht die Rufe endlos aneinander. Das geschieht etwa, wenn sich eine Katze dem Nest nähert. Anders klingt der Luftfeind-Alarmruf: ein hohes, leicht absinkendes „siih". Es wird angesichts eines fliegenden Sperbers oder eines anderen Luftfeindes geäußert. In ähnlicher Form tritt es bei Goldammern, Meisen, Amseln und anderen Arten auf und ist an dieselbe Situation gebunden. Es wirkt auch zwischenartlich, was sicher für alle Beteiligten von Nutzen ist. Der Sperber kann diesen Ruf nicht hören. Ein fliegender Buchfink äußert ein absinkendes „djüb", das man als Flugruf kennzeichnen kann. Damit wird nicht eine Funktion benannt, sondern die Situation. Selten hört man vom Männchen ein spitzes „zink". Das zur Begattung auffordernde Weibchen lässt ein feines hohes „sisisi" hören. Im Frühjahr wiederholt das Männchen ein „tschrr", dem Bettelruf des flüggen Jungvogels ähnlich. Buchfinkenkenner haben weitere, seltenere Rufe beschrieben. Sehr häufig erklingt noch der sogenannte Regenruf (s. u.). Je nach der Vollständigkeit der Analyse kann man auf etwa 20 Ruftypen bei einem Singvogel kommen. Eine solche Zahl ist bei der Dorngrasmücke gefunden worden.

Rufgesang

Männliche Buchfinken äußern zur Brutzeit einen häufig wiederholten einsilbigen Ruf, der landläufig als Regenruf bezeichnet wird. Dieser Ruf tritt dann an die Stelle von Gesang, wenn störende Faktoren wie Wetter, das Erscheinen eines Feindes oder anderes den Gesang hemmen. Wegen seiner Bindung an Geschlecht und Brutzeit und seiner langzeitigen rhythmischen Wiederholung im Takt von etwa 1 Hz (ein Ruf pro Sekunde) kann er nicht als echter Ruf, sondern muss als Gesangsersatz aufgefasst werden. Überdies variiert der Ruf geographisch und bildet eine Anzahl von Dialekten. Dialekte gibt es tatsächlich sowohl bei Vogelgesängen als auch bei Rufen. Es sind regionale Varianten einer Lautäußerung, die gelernt und tradiert werden. Man muss sich das so vorstellen: Man wandert in einem Gebiet und hört die Buchfinken dort „hüid" rufen. Plötzlich, wenn man nur eine Straße oder eine Brücke passiert hat, rufen die Buchfinken „wrüt", also deutlich anders als vorher. Man hat die Grenze zwischen zwei Dialektgebieten passiert. Im Grenzbereich treten Finken auf, die die beiden Rufe abwechselnd äußern oder sogar ein Gemisch aus ihnen machen: „wrüid". Bei in menschlicher Obhut aufgezogenen Jungvögeln stellte man fest, dass sie diesen Ruf lernen müssen, also auch weiter tradieren. Deswegen kann man für derartige Lautäußerungen den Begriff Rufgesang verwenden. Der mit dem Buchfinken verwandte nordische Bergfink verfügt über einen Gesang, der allein aus gedehnten nasalen Einzelelementen besteht, die den Regenrufen des Buchfinken entsprechen. Wahrscheinlich werden sie auch tradiert. Bei der Wacholderdrossel tritt ein schwätzender Gesang nur als Fluggesang auf, dagegen scheint ein vielfach wiederholter Ruf, der lautmalerisch als Schackern bezeichnet wird, bei der Markierung des Reviers zu wirken. Der Zilpzalp lässt im Spätherbst hin und wieder noch Gesangsstrophen hören, die als Herbstgesang bezeichnet werden, doch sind von ihm in viel größerer Anzahl „hüid"-Rufe zu hören (s. S. 99).

Wahrscheinlich haben sich kompliziert zusammengesetzte Gesänge stammesgeschichtlich ursprünglich aus Folgen von Rufen entwickelt. Aktuell beginnen viele strophige Gesänge mit wiederholten kurzen rufartigen Elementen.

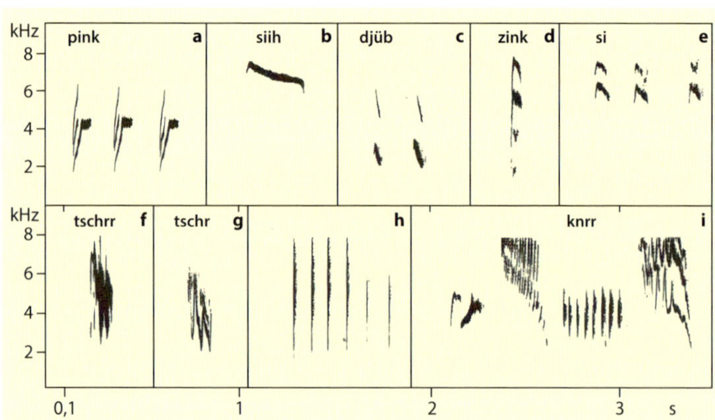

Sonagramme der Rufe des Buchfinken **a** Pinken, **b** Luftfeindruf, **c** Flugruf, **d** Männchenruf, **e** ♀ Paarungsruf, **f** ♂ Frühlingsruf, **g** Bettelruf, **h** Schnabelknappen, **i** Subsong mit Schnarren (aus Bergmann 1993)

Wie der Vogel entsteht und wächst

Vom Ei zum fertigen Vogel

Die Entwicklung eines Vogels beginnt wie bei den meisten höheren Lebewesen mit der Befruchtung des Eies durch ein Spermium. Dadurch wird die Embryonalentwicklung in Gang gesetzt. Sie macht binnen weniger Tage aus einem besamten Proteinklümpchen einen Organismus aus vielen Milliarden Zellen. Dieser Prozess findet bei Fischen, Amphibien, Reptilien und Vögeln im Ei statt – meist außerhalb des mütterlichen Körpers. Bei fischartigen Wirbeltieren und Amphibien spielt sich dieses Geschehen im Wasser und meist ohne Gegenwart der Alttiere ab, bei Reptilien und Vögeln an Land. Vögel müssen ihre Nachkommen betreuen, bis sie selbstständig sind. Die Brutpflege besteht aus dem Bebrüten der Eier und dem Betreuen der geschlüpften Jungen. Damit ist der Altvogel zunächst an das Nest mit den Eiern gebunden und muss dort für Schutz und Wärme sorgen. Die Bebrütung und damit die Embryonalentwicklung kann ganz unterschiedlich viel Zeit in Anspruch nehmen: Vom Buntspecht mit 10-13 Tagen über den Mauersegler mit 18-20 Tagen bis hin zum Steinadler mit etwas mehr als 6 Wochen. Bei kleinen Singvögeln sind 11 bis 14 Tage üblich. Außer Wärme und einem mäßig feuchten Kleinklima liefert der brütende Altvogel auch Schutz und Fürsorge. Das Ei muss regelmäßig gewendet und auch belüftet werden, damit das überschüssige Wasser durch die Eischale verdunsten kann; anderenfalls würde der Embryo im Ei ertrinken. Verlässt eine Gans ihr Nest am Boden, so deckt sie das Gelege mit einem Vlies aus zarten Nestdaunen zu, die zugleich die Wärme halten und die Eier gegen den Zugriff von Feinden tarnen. Ein versehentlich aus dem Nest gerolltes Ei wird mit dem Unterschnabel balancierend wieder eingerollt. Frühe Untersucher wie Lorenz und Tinbergen haben sich schon immer darüber gewundert, wieso der Vogel das Ei nicht viel bequemer mit dem Fuß oder mit dem Flügel in das Nest zurückbugsiert. Die Frage ist bis heute ungelöst.

Stockenten-Paarung: Der Entwicklung gehen die Paarbildung und die Paarungen der Eltern voraus.

Der Embryo entwickelt sich zunächst als Keimscheibe auf dem Dotter liegend, der an Proteinschnüren im Eiklar aufgehängt ist. Der Embryo wächst dann mehr und mehr um die Dotterkugel herum. Aus dem Kalk

Ei der Amsel: Von dem geschlüpften Jungvogel bleiben die beiden Teile der Eischale übrig und werden meist von den Eltern aus dem Nest entfernt.

der Schale gewinnt er Material für seinen Knochenaufbau. Kurz vor dem Schlupf übernimmt er den Dotter als Nahrungsreserve in seinen Bauchraum. Der Dotter enthält viel Protein und Fett. Das Küken kann davon die ersten Tage nach dem Schlüpfen überleben und wachsen. Bei Nesthockern beläuft sich dieser Vorrat auf 25 % des Eigewichts, bei Nestflüchtern sogar auf 40 %. Das wirkt sich schon bei den Eiern aus: Nesthockerweibchen legen kleine, Nestflüchter große Eier, bezogen auf die Größe des Muttervogels.

Das Schlüpfen fordert von dem kleinen Vogel im Ei eine erste große Anstrengung. Mit einem eigenen Schlüpfmuskel im Nacken und mit einem Eizahn auf der Oberschnabelspitze ausgerüstet, drückt er von innen eine Serie kleiner Löcher in die Eischale. Da er sich dabei um seine Achse dreht, entsteht eine durchlöcherte Naht rings um den stumpfen Pol des Eies, und schließlich kann der Vogel eine Kappe abheben, indem er sich mit den Beinen nach außen drückt. Manchmal sind bei diesem ganzen Ablauf die Eltern behilflich. Sie beseitigen auch die auffälligen Eischalen oder lassen sie einfach im Nest liegen. Das frisch geschlüpfte Junge sieht unscheinbar und nass aus. Das liegt vor allem daran, dass seine zarten Dunenfederchen in feine Hornscheiden eingehüllt sind. Sobald diese abfallen, blühen die Dunen regelrecht auf, wozu auch elektrostatische Reibung an den Federn der Eltern beiträgt. Von Stund an wirken die Küken viel größer als das Ei es ahnen ließ. Dies gilt alles für Nestflüchterküken. Bei Nesthockern (s. S. 107) sind die Küken meist bis auf wenige Dunen nackt.

Amseljunge sind Nesthocker. Die frisch geschlüpften Jungen betteln mit hochgereckten Köpfen. Das Nest wurde beim Heckenschneiden freigelegt und war binnen kurzer Zeit verloren.

Mit dem Schlupf beginnt die Jugendentwicklung, die entweder noch im Nest oder schon mit frei beweglichen Küken stattfindet. Bei Kleinvögeln dauert diese Phase im Minimum nur 9 Tage, bei einem Fregattvogel kann sie 170 Tage in Anspruch nehmen. Die Bindung des Jungvogels an die Eltern kann lange anhalten – unter Umständen lebenslang, wie wir von den Gänsen wissen.

Wenn es sich um Nesthocker (s. S. 107) handelt, wird die Jugendentwicklung scheinbar durch das Ausfliegen des Jungvogels aus dem Nest beendet. Ist der Jungvogel nun nach dem Ausfliegen erwachsen? Kleinvögel, wie etwa Singvögel, sind zwar sehr schnell ausgewachsen, das heißt, sie haben die Größe ihrer Eltern bald erreicht. Sie verlassen aber das Nest aus Sicherheitsgründen schon bevor ihre Federn die fertige Länge erreicht haben. Sie bedürfen nach dem Ausfliegen noch wochenlang der Fütterung und Betreuung durch die Eltern. Sie sind auch im ersten Lebensjahr noch nicht bereit zur Fortpflanzung, sondern erreichen dieses Stadium des Erwachsenseins erst im folgenden Frühjahr, in ihrem zweiten Kalenderjahr. Viele lassen selbst dann noch Reste ihres Jugendkleides erkennen. Männliche Jungamseln vom Vorjahr haben noch bräunliche Flügelfedern anstelle der tiefschwarzen bei den älteren Amselmännchen.

Der junge Steinadler ist fast flügge, zeigt sich aber noch als später Nesthocker.

Es macht also einen Unterschied, ob ein Vogel bloß ausgewachsen oder ob er erwachsen ist – im Sinne von fortpflanzungsfähig. Ausgewachsen müssen viele Vögel frühzeitig sein, um gegebenenfalls im Herbst ihres ersten Lebensjahrs schon eine Wanderung von Tausenden von Kilometern in das Überwinterungsgebiet bewältigen zu können. Viele größere Vögel benötigen aber mehr Zeit, um erwachsen zu werden, und manchmal Jahre, um das Federkleid des Altvogels zu entwickeln. Zu diesen Spätentwicklern gehören große Möwen, andere Seevögel wie Tölpel und Pelikane und große Greifvögel, wie etwa der Steinadler oder der Bartgeier. Sie sind nach ihren jugendlichen Kleidern noch über Jahre hin als Jungvögel der verschiedenen Altersstadien zu erkennen, wie man in den Bestimmungsbüchern nachschlagen kann (s. S. 146). Zur Fortpflanzung schreiten sie erst mit drei, vier oder mehr Jahren, der Bartgeier mit sieben Jahren.

Richtig unabhängig werden viele Vögel erst relativ spät in ihrem Leben. Dies gilt besonders dann, wenn die Nahrung schwierig zu beschaffen ist. Falken, die fliegende Vögel in der Luft fangen müssen, üben als Jungvögel mit Insekten, werden aber noch lange von den Eltern mit Vogelbeute versorgt und angelernt. Ähnliches gilt für Seeschwalben, die im Stoßflug Fische unter Wasser erbeuten. Junge, längst flügge Seeschwalben müssen dies erst spielerisch einüben und werden noch lange von den Eltern betreut. Junge Flussseeschwalben fliegen mit ihrem Vater zusammen in den Süden und bleiben den Winter über noch zeitweise abhängig von der Fütterung. Dass sie noch jung sind, zeigen sie an Resten ihres jugendlichen Federkleides. Erst nachdem sie im Süden noch ein weiteres Jahr zugebracht haben, kehren sie zurück, selbstständig und im Alterskleid, brüten aber erst später. Junge Gänse sind noch nicht so tüchtig im Fliegen wie die Alten und dürfen bei ihren ersten Wanderungen hintere bequeme Plätze in der Flugformation übernehmen. Sie sind auch im zweiten Kalenderjahr noch nicht reif zum Brüten.

Nur Mauersegler stellen eine bemerkenswerte Ausnahme dar. Die Jungvögel verlassen das Nest voll flugfähig im Alter von etwa 42 Tagen und sind sofort in der Lage, fliegend ihre Nahrung aus dem Luftplankton zu gewinnen. Gleichzeitig machen sie sich südwärts auf den Weg nach Zentral- oder Südafrika. Sie bleiben dann für mehr als ein Jahr in Afrika und kehren erst im dritten Kalenderjahr an ihren Geburtsort zurück, brüten aber erst ab dem vierten Kalenderjahr. Wahrscheinlich sind sie bis dahin als Dauerflieger kontinuierlich Tag und Nacht in der Luft, bis sie einen Brutplatz aufsuchen und dabei erstmals wieder mit festem Untergrund in Kontakt kommen.

Nesthocker und Nestflüchter

Junge Nestflüchter sind am ersten Tag oft noch nicht richtig mobil. Frisch geschlüpfte Enten liegen dann noch einen Tag im Nest und machen sogar noch späte Schlüpfbewegungen, als ob sie noch im Ei wären. Erst am folgenden Tag sind sie fähig, das Nest zu verlassen, sich ihrer Sinnesorgane zu bedienen, zu laufen beziehungsweise zu schwimmen und zu tauchen sowie Nahrung zu suchen. Schwimmen und Tauchen kommen natürlich nur für Wasservögel infrage, nicht für Hühnervögel und Trappen. Aber

Wie bei fast allen Nestflüchtern werden die Küken bei der Graugans noch lange von den Eltern geführt und beschützt, sorgen aber selbst für ihre Ernährung.

Das Ringelgans-Küken ist schon am 3. Lebenstag mobil und selbstständig auf Nahrungssuche.

flügge werden sie alle meist erst viel später. Nur bei den Großfußhühnern sind die Küken früh flugfähig, werden aber von den Eltern auch nicht betreut. Die Küken von Rau- und Glattfußhühnern entwickeln bald frühe Jugendflügel, müssen aber die zu klein werdenden Federn zeitig mausern. Bei einigen Vogelgruppen der Nestflüchter werden die Jungen sogar gefüttert: Das gilt beispielsweise für Austernfischer, Lappentaucher und Rallen.

Sich als Nestflüchter zu entwickeln, ist ein ursprüngliches Merkmal und findet sich bei allen früh entstandenen Vogelgruppen, so bei den Palaeognathen (Strauße, Nandus, Emus, Kasuare, Kiwis) und auch bei den von ihnen abstammenden Neognathen (Galloanserae), den Hühner- und Entenvögeln. Die Entwicklung als Nestflüchter ist aber in Anpassung an die jeweiligen Lebensbedingungen auch bei Kranichen, Rallen, Trappen, Seetauchern und allen Watvögeln (Regenpfeiferartigen) entstanden.

Zu den Nesthockern gehören alle Singvögel, aber auch Vertreter vieler anderer Vogelgruppen, wie beispielsweise Tauben, Eulen, Spechte, Greifvögel, Falken, Störche, Reiher, Tölpel und Scharben (Kormorane und Verwandte). Offenbar hat sich dieser Entwicklungstyp etliche Male unabhängig bei Vögeln ausgebildet, die nicht näher miteinander verwandt sind. Die Jungen sind beim Schlupf noch nackt oder kaum mit Dunen befiedert, stark wärmebedürftig und teilweise blind und taub. Sie sind aber mit einem kräftigen Darmsystem ausgestattet. Das erste Federkleid liegt fertig in der Haut.

Waldohreulen sind wie alle Eulen typische Nesthocker. Die Jungen werden lange Zeit im Nest gefüttert und bewacht.

Ein dritter Entwicklungstyp vermittelt in verschiedenen Varianten zwischen Nesthockern und Nestflüchtern. Bei den typischen Platzhockern sind die schlüpfenden Jungen vollständig mit einem Dunenkleid versehen, sie können sich auch bald fortbewegen. Aber sie müssen in der Nähe des Nestes bleiben, weil sie dort von den Eltern gefüttert werden. Zu ihnen gehören Möwen und Seeschwalben, aber auch Flamingos und Nachtschwalben. Eulenküken tragen auch ein vollständiges Dunenkleid, haben aber anfangs noch geschlossene Augen und bleiben danach auch noch länger ans Nest gebunden.

Das Altwerden

Viele Kleinvögel aus unserer Umgebung in Garten und Park haben kein langes Leben zu erwarten. Das größte Risiko, von Katze, Marder oder Sperber ergriffen zu werden, trifft die Jungvögel in allen Lebensräumen gleich nach dem Ausfliegen. Sie entbehren den Schutz des Nestes, sind noch nicht sehr mobil, müssen aber laut rufen, um die fütternden Eltern auf sich aufmerksam zu machen. Das flügge Junge hat also eine minimale durchschnittliche Lebenserwartung. Noch im ersten Lebensjahr können 95 % von ihnen umkommen. Haben sie diese kritische Phase überwunden, sind ihre Chancen besser, länger zu überleben. Die durchschnittliche Lebenserwartung junger Silbermöwen liegt bei 2,4 Jahren, doch können sie später durchaus 15 Jahre und mehr erreichen, wenn sie erst einmal die Jugend hinter sich haben. Selbst Amseln und Stare sind nach Ringfunden bis zu 20 Jahre alt geworden. Im Käfig gehalten, wo sie keinen Feinden begegnen und stets mit gutem Futter versorgt werden, können Vögel doppelt so alt werden wie im Freiland. Für den Gelbhaubenkakadu liegt ein Höchstalter von mehr als 100 Jahren vor.

Die Mantelmöwe legt ihr Alterskleid erst im vierten Jahr an, kann aber bis zu 25 Jahre alt werden.

Das Altwerden wird auch durch die Alterung der Zellen begrenzt. Man kann das an den Telomeren ablesen (von griech. telos = Ende und meros = Teil). Diese DNA-Stücke sitzen an den Enden der Chromosomen, sind aber nicht für die eigentliche Zellarbeit des genetischen Codes zuständig. Doch sie verlieren bei jeder Zellteilung einige Dutzend Basenpaare, werden also mit dem Alter kleiner. Wenn sie verbraucht sind, geht es der Zelle an die Substanz und sie büßt ihre Funktion ein. Wenn ein Vogel viele solcher alternden Zellen hat, verliert er wie auch andere Tiere und Menschen an Kondition und Fitness.

Die Risiken des Kuckucks-Lebens

Der Kuckuck gilt in der Öffentlichkeit als leichtsinniger Lebenskünstler, der seine Eier von anderen Vögeln ausbrüten lässt und sich nicht um den eigenen Nachwuchs kümmert. Diese Art der Fortpflanzung wird von den Wissenschaftlern als Brutparasitismus bezeichnet. Dass diese Strategie nicht so attraktiv ist, wie es den Anschein hat, geht aus ihrer Seltenheit hervor. Weltweit sind nur 100 Vogelarten echte Brutparasiten, das sind nur etwa 1 Prozent von mehr als 10 000 Arten. In Europa gehören nur zwei Arten dazu, der Kuckuck und der südeuropäische Häherkuckuck.

Will das Kuckucksweibchen ein Ei in das Nest eines Wirtsvogels legen, muss es das Nest finden und heimlich beobachten, wann dort gelegt wird. Durch die Wahl ihres Ablagetermins muss es dafür sorgen, dass der Jungkuckuck zeitlich möglichst vor den Nestgeschwistern schlüpft. In jedes Wirtsvogelnest legt das Weibchen nur ein Ei, sodass die Konkurrenz unter Jungkuckucken im Nest entfällt. Trotzdem gehen viele Eier verloren, weil die Wirtsvögel sie erkennen und aus dem Nest werfen oder ihre Brut ganz aufgeben. Um solche Verluste auszugleichen, muss das Weibchen während einer Saison bis zu 20 Eier in 20 Nester legen. Beim Schlupf steht der fertige Embryo vor einer ersten schweren Herausforderung. Das Kuckucksei ist dickschalig: gut gesichert gegen Angriffe der Wirtsvögel von außen, aber von innen schwer zu öffnen. Der Jungkuckuck – selbst ein noch unentwickelter Nesthocker – muss nach dem anstrengenden Schlupf die anderen im Nest befindlichen Eier und auch eventuell schon geschlüpfte Nestgeschwister mühsam aus dem Nest bugsieren. Von nun an beherrscht er das Feld und wird von den Wirtsvogeleltern aufgezogen. Bald nach dem Flüggewerden steht er vor neuen Aufgaben. Er muss in der Lage sein, allein und auf eigene Faust nach Afrika zu wandern und dort zu überwintern. Er muss nicht nur seinen Gesang, sondern viele Verhaltensweisen angeborenermaßen beherrschen. Die Bindung der Weibchen an bestimmte Wirtsvögel, ihre Nester oder Lebensräume müssen sie während ihres Aufwachsens erworben haben.

Der in Südeuropa vorkommende Häherkuckuck hat etwas andere Strategien entwickelt. Für ihn sind Rabenvögel wie Elstern und Nebelkrähen die richtigen Wirtsvögel. Das Weibchen legt mehrere Eier in ein Wirtsvogelnest. Die hieraus geschlüpften Jungkuckucke wachsen mit ihren Rabenvogel-Nestgeschwistern zusammen auf.

Der männliche Kuckuck sitzt häufig ganz frei und imponiert mit gestelztem Schwanz und hängenden Flügeln.

Die Körperpflege des Vogels

Am Horst eines Riesenseeadlers ist wenig zu tun, wenn die Jungen schon selbst fressen können. Der Altvogel verbringt mit 85% die meiste Zeit auf einer Warte neben dem Horst. Die wenige sonstige Zeit genügt ihm, um Feinde oder Störenfriede abzuwehren oder einen Lachs zu erbeuten, den er aus dem nahen Fluss fischt. Während er neben dem Horst ruht, hat er nichts zu tun als sein Gefieder zu pflegen und den Kopf zu schütteln: Dies tut er, um sich der Mücken zu erwehren, die ihn belästigen. In solcher Situation sind Greifvögel oft ausgesprochen faul. Anders geht es fütternden Singvögeln, die hochintensiv tätig sind, um ihre Jungen zu versorgen. Doch nehmen auch sie sich zwischendurch immer etwas Zeit, um ihr Gefieder in Ordnung zu halten oder auszuruhen.

Alle Verhaltensweisen der Körper- wie Hautpflege – bei Vögeln vorwiegend Gefiederpflege – in Form von Streckbewegungen, Schüttelbewegungen, Baden und Ruhen fasst man als die Komfortverhaltensweisen zusammen. Sie gehen vom Individuum aus und sind auf es selbst bezogen. Sie sind unvermeidlich und dienen dem Wohlbefinden des Vogels. Zwar ist auch gegenseitige Gefiederpflege bei Vögeln weitverbreitet, führt aber schon in den Bereich sozialen Verhaltens.

Gefiederpflege

Das empfindliche Federkleid, das fast den ganzen Körper des Vogels einhüllt, bedarf regelmäßiger Pflege. Man kann das zugehörige Verhalten bei jedem Vogel zu sehen bekommen, wenn er nicht gerade mit Nahrungssuche, Werbung oder Ruhen beschäftigt oder im Flug gebunden ist. Die Verhaltensabläufe sind bei allen Vögeln generell sehr ähnlich. Es gibt kaum spezielle Anpassungen an bestimmte Lebensbedingungen. Ein etwas ungewöhnliches Beispiel: Ein Fischadler, der tauchend einen Fisch erjagt hat, schüttelt sich danach im Flug, um das Wasser aus dem Gefieder loszuwerden und sich das Fliegen zu erleichtern.

Stockerpel und Stockente bei der synchronen Gefiederpflege mit dem Schnabel.

Ansonsten bewerkstelligt der Vogel die meiste Körperpflege in Ruheposition und mit seinem Schnabel. Er fasst die Federn an ihrer Basis und lässt sie der Länge nach durch den

Schnabelspalt gleiten, wobei sie gesäubert, geglättet und geordnet werden. Am Kopf und Hals, an Stellen, die der Vogel mit dem Schnabel nicht erreicht, hilft er sich mit kratzenden Bewegungen des Fußes. Zusätzlich reibt er den Hinterkopf am Rückengefieder. Pinguine haben spezielle Verhaltensweisen (s. S. 114). Bei allen diesen Tätigkeiten, soweit sie nicht im Wasser stattfinden, wird durch den Schnabel zugleich das ölige Sekret der Bürzeldrüse im Gefieder verteilt. Dadurch bleiben die Federn elastisch und wasserabweisend. Das Sekret der Bürzeldrüse wirkt aber auch als Abwehr gegen Federparasiten und hat die Eigenschaften eines Parfüms (s. S. 74). Bei Straußen, Trappen, Tauben und einigen anderen Vogelgruppen fehlt die Bürzeldrüse. Tauben und Reiher helfen sich mit einem wasserabweisenden Puder, der von speziellen Puderdunen am Körper hergestellt wird. Kormorane durchnässen ihr Gefieder unter Wasser, um besser tauchen zu können, verfügen aber trotzdem über eine Bürzeldrüse. Ganz allgemein ist die Haut der Vögel ansonsten frei von Drüsen, vor allem fehlen Schweißdrüsen, deren Sekret für die Federn nachteilig wäre. Nur im kurzen äußeren Gehörgang gibt es Talgdrüsen, die ein wachsartiges Sekret abscheiden.

Der von der Wasseroberfläche startende Fischadler mit erbeutetem Fisch in den Fängen muss das Wasser abschütteln, um frei fliegen zu können.

Bezeichnend sind auch Schüttelbewegungen. Beim Kopf- und Körperschütteln befreit sich der Vogel von Bade- oder Regenwasser. Dazu gehört auch mehrfaches Flügelschlagen (Sichflügeln). Das bei Meeresvögeln aus den am Kopf stehenden Salzdrüsen austretende und den Schnabel herablaufende Exkret (s. S. 67) wird ebenfalls durch Kopfschütteln weggeschleudert. Ein Watvogel schüttelt abwechselnd den rechten und linken Fuß ab, bevor er ins Nest geht. Vor und nach Ruhephasen treten häufig Streckbewegungen auf: Gähnen und Strecken der Extremitäten. Gähnen ist in der typischen Form bei allen Vögeln verbreitet. Für das Strecken der Extremitäten gibt es zwei Verfahren: Entweder werden beide Flügel synchron nach oben gestreckt oder der eine

Der Schnabel der Blässgans greift nach dem Ausgang der Bürzeldrüse, um das ölige Sekret zu gewinnen und im Gefieder zu verteilen.

Der Flussuferläufer reibt seinen Hinterkopf am Rückengefieder, sodass das Kopfgefieder das Sekret der Bürzeldrüse abbekommt ...

... hier streckt er beide Flügel gleichzeitig.

Flügel wird geöffnet und weit seitlich nach hinten gezogen, wobei auf der gleichen Seite unter dem Flügel das Bein gestreckt und die zugehörige Schwanzhälfte ausgebreitet wird. Der Vogel steht dann nur auf einem Bein, was bei Jungvögeln manchmal misslingt. Junge Singvögel verfügen über ein gleichseitiges Beinstrecken.

Baden in Wasser, Schnee, Sand und Sonne

Der Vogel vermag aber auch, Teile seines Lebensraums und sogar die Sonnenstrahlen für seine Körperpflege zu nutzen. Viele Vögel baden regelmäßig im Wasser. Kleinvögel suchen sich dazu eine flache Stelle am Gewässerrand aus, im Garten nehmen sie auch mit einer Tränke vorlieb. Wasservögel baden auf der offenen Wasserfläche. Die Vögel senken anfangs Kopf und Brust ins Wasser und lassen es dann über ihren Rücken und die Flügel rinnen. Unter heftigem Flügelschlagen verteilen sie es weiter im Gefieder. Nach dem Baden schütteln sie das Wasser ab und schlagen wiederholt mit den Flügeln. Sie setzen sich anschließend dem Sonnenschein aus und lassen sich trocknen. Statt im Wasser können sie auch im lockeren Schnee baden. Schwalben und Segler baden in größeren Gewässern, indem sie sich fliegend von oben auf die Wasseroberfläche stürzen und wiederholt flach eintauchen. Eisvögel tun es ähnlich, starten aber immer wieder

Beim Baden des Stockerpels fliegt durch Flügelschlagen viel Wasser umher.

von einer Warte aus. Waldvögel setzen sich auch dem Regen aus oder baden im Tau- oder Regenwasser auf den Blättern. Stark durchnässte Greifvögel und Eulen sind manchmal flugbehindert, bis sie wieder trocken sind.

Weibliche Stockente: Nach dem Baden schließt sich bei allen Entenvögeln das Sichflügeln an.

Haussperlinge wechseln gern zwischen Baden im Wasser und Baden im Sand. Das sogenannte Sandbaden im feinteiligen Untergrund, wie Sand, Asche, Mulm oder anderem losen und trockenen Material, ist sonst vor allem bei Hühnervögeln verbreitet. Man findet es aber auch bei Lerchen und anderen Bodenvögeln sowie manchen Eulen. Bestimmte Orte werden immer wieder für ein solches Bad aufgesucht. Die dabei entstehenden Vertiefungen im Boden werden mit einem Jägerwort als Huderpfannen bezeichnet. Die zugehörigen Bewegungsweisen des Vogels sind ähnlich wie im Wasserbad, doch treten auch Picken und Kratzen mit dem Fuß auf, um den Boden zu lockern oder Material ins Gefieder zu befördern. Helles Gefieder kann durch das Staubbad farbimprägniert werden (s. S. 27). Wahrscheinlich besteht die Bedeutung des Sandbadens darin, dass Gefieder- und Hautparasiten durch den Staub bekämpft werden. In der Huderpfanne von Auerhühnern hat man nach dem Sandbad Federparasiten der Vögel gefunden. Für Feld- und Ohrenlerchen ist außer dem Sandbad auch Baden in lockerem Schnee beschrieben.

Haussperlinge – hier ein Weibchen – wechseln gern zwischen Wasser- und Sandbad.

Viele Vögel gestatten sich bei starker Sonneneinstrahlung ein Sonnenbad. Sie setzen sich mit gesträubtem Gefieder der Sonne aus und hecheln häufig dabei mit weit offenem Schnabel, um die Hitze zu bewältigen. Dieses Sonnenbad könnte auch dem Bekämpfen von Parasiten aus dem Gefieder gelten. Beim Menschen hilft es, Vitamin D in der Haut herzustellen. Ähnlich könnte es auch bei Vögeln wirken. Soweit das schwarze Pigment Melanin vorhanden ist, wehrt es die schädlichen UV-Strahlen ab. Zur Abwehr von Parasiten dürfte auch das Einemsen

Der Graureiher verfügt über eine eigene Stellung mit seitlich gespreizten Flügeln, während er sich frontal der Sonne aussetzt.

gehören: Eichelhäher und Amseln setzen sich der Ameisensäure aus, einer ätzenden Flüssigkeit, die die Ameisen versprühen, wenn sie angegriffen werden. Auf Kleintiere kann dieses Gift tödlich wirken, also wohl auch auf Federlinge und andere Parasiten im Gefieder und auf der Haut der Vögel.

Ein Pinguinflügel ist ein kurzes, aber höchst elegant geschnittenes Werkzeug. Mit seiner geringen und dünnen Fläche wirkt er wie ein fein gearbeitetes Paddel. Die Federn daran sind klein und sehr dicht angeordnet. Ein aus dem Wasser steigender Pinguin spreizt die Flügel seitwärts ab und schlägt damit wiederholt durch die Luft, wie es jeder Vogel tut. Dieses Sichflügeln gehört zum Schwimmen oder Baden der Vögel und dient dem Abschütteln des Wassers. Es kann bei einem Pinguin aber lange anhaltend ausgedehnt werden. Ein schwimmender oder stehender Brillenpinguin kann sich zusätzlich mit dem Flügelbug am Kopf reiben. Das tut er, obwohl er sehr häufig für das Kratzen am Kopf auch den Fuß verwendet, wie es ein Vogel normalerweise tut. Humboldt-Pinguine verbringen viel Zeit schwimmend im Wasser. Sie verlegen auch einen großen Teil ihrer Gefiederpflege ins Wasser. Beim Schwimmen kratzen sie sich mit dem Fuß über den Flügel hinweg am Kopf, hier putzen sie auch mit dem Schnabel ihr sonstiges Federkleid. Wenn sie in ihrem glatten Körpergefieder mit dem Schnabel nesteln, bleiben einzelne Federn aufgerichtet, die dann Löcher im Gefieder entstehen lassen. Der Humboldt-Pinguin löst das Problem, indem er mit dem Flügel über das Gefieder hinstreicht und es dabei glättet.

Der Brillenpinguin reibt den Hinterkopf mit dem Flügelbug, eine besondere Anpassung von Pinguinen.

Ruhen und Schlafen

Zum Komfortverhalten zählen auch das Ruhen und Schlafen. „Langdauernder Tiefschlaf ist für die von zahlreichen Feinden bedrohten Vögel ein mit ihrer Sicherheit unvereinbarer Luxus“ (Stiefel 1976). Nur Strauße und ihre Verwandten können es sich leisten, flach am Boden ausgestreckt liegend zu schlafen. Mauersegler können die Nacht in hohen Luftschichten fliegend zubringen. Andere Vögel schlafen stehend oder schwimmend. Beim stehenden Schlafen oder Ruhen ziehen sie oft ein Bein an und legen es ins Bauchgefieder ein. Das Gefieder wird zum „Federball“ aufgeplustert, sodass Wärmeverlust vermieden wird. Brütende oder hudernde Vögel haben unter Umständen viel Zeit zum Ruhen und zum Schlafen, wenn sie auf dem Gelege oder den Jungen sitzen. Bei Gänsen brütet nur das Weibchen, meist in normaler Ruhehaltung. Legt sich der Vogel vorwärts flach nieder, ist das eine Tarnhaltung, die er einnimmt, wenn ein Feind sich nähert. Die normale Schlafhaltung eines Vogels besteht darin, dass er den Kopf nach hinten dreht und den Schnabel in das Rückengefieder steckt, was wahrscheinlich Wärmeverlusten über den Schnabel vorbeugt. Dabei bleiben die Augen meist außerhalb des abdeckenden Gefieders und werden hin und wieder geöffnet. Beide Augen können unabhängig voneinander geöffnet und geschlossen werden. Bei Enten wird das Auge mit dem unteren Augenlid geschlossen, einer Ente kann demnach das Auge nicht „zufallen“. Schlaf kann sich bei einem Vogel auch nur auf eine Hirnhälfte erstrecken, sodass die andere Seite mit dem zugehörigen Auge wach bleibt. Viele Vögel treffen sich außerhalb der Brutzeit an gemeinsamen Schlafplätzen. Bekannt sind die großen Schlafversammlungen von Kranichen, Gänsen, Staren, Schwalben und Rabenvögeln. Auch Vögel wie Kornweihen, Berghänflinge und Bachstelzen nutzen außerhalb der Brutzeit gemeinschaftliche Ruheplätze. An Gemeinschaftsschlafplätzen finden die Vögel Sicherheit vor Feinden, doch gelten sie bei Gänsen auch als Gelegenheit, Partner wiederzufinden, die tagsüber verlorengegangen sind, oder Informationen über gute Nahrungsvorkommen zu übernehmen.

Der Flussuferläufer zeigt seine Müdigkeit durch Gähnen und schließt dabei die Augen.

Wegzug und Heimzug: Wanderungen der Vögel

Die Ringelgans Orange N, Blau 7 (ONB7) kann mit dem Fernglas abgelesen und gemeldet werden.

In dem kurzen arktischen Sommer nördlich des Polarkreises finden Singvögel und Watvögel zur Brutzeit in reichem Maß Insekten, Insektenlarven und andere Kleintiere. Für die Gänse und sonstige pflanzenfressende Vögel sprießt frisches Grün, von dem sie sich ernähren und womit auch ihre Jungen aufwachsen können. Hinzu kommt, dass die Tage 24 Stunden lang und hell sind, sodass viel Zeit zur Verfügung steht und Feinde auf die Ferne schon gesehen werden können. Das sind die Vorzüge, für die die Vögel es auf sich nehmen, im Frühjahr in die so unwirtlich erscheinende arktische Tundra zu ziehen – Tausende von Kilometern weit. Doch irgendwann ist Schluss mit dem tollen Angebot. Am Ende des arktischen Sommers, spätestens Anfang September, muss der Nachwuchs groß genug und flugfähig sein; die Altvögel müssen unter Umständen noch ihre Gefiedermauser hinter sich gebracht haben. Dann geht es unaufhaltsam südwärts oder westwärts, in mildere Gebiete für den Rest des Jahres. Diese Phase der Wanderung nennt man Wegzug. Die Wanderung in die Brutgebiete im Frühjahr steht dem als Heimzug gegenüber. Wo man brütet, dort ist man wirklich zu Hause.

Alpenstrandläufer rasten im Herbst und im Frühjahr teils in riesigen Scharen im Wattenmeer.

Mauersegler verweilen nur von Mai bis Ende Juli bei uns, um hier zu brüten.

Wenn die Mauersegler als sogenannte Kalendervögel zeitgenau am 1. Mai aus dem Süden bei uns in ihrem mitteleuropäischen Brutgebiet eintreffen, haben sie den Heimzug hinter sich. Drei Monate später, Ende Juli, räumen sie den Himmel bei uns schon wieder und ziehen südwärts bis Zentral- oder Südafrika. In Skandinavien ist ihr Kalender etwas verschoben, sie treffen dort im Frühjahr später ein und ziehen auch später ab. Sie benötigen einen Mindestzeitraum, um zu brüten und ihre Jungen aufzuziehen. Sie müssen sich sputen, weil das Angebot an Luftplankton schon im Hochsommer nachlässt. Wenn man im August oder September in Mitteleuropa noch durchziehende Segler sieht, kann man davon ausgehen, dass sie meist aus Skandinavien kommen und eilends südwärts unterwegs sind. Zahllose Vogelarten haben entdeckt, dass es zugunsten einer gesicherten Ernährung und geeigneter Brutstätten gut ist, den Lebensraum zu wechseln. Geschätzte 50 Milliarden Vögel wandern jedes Jahr weg in ein Überwinterungsgebiet und dann im Frühjahr wieder heim in das Brutgebiet.

Das Überwinterungsgebiet kann für die einzelnen Arten ganz verschieden sein. Ohrenlerchen, Schneeammern und Ringelgänse verbringen den Winter bei uns an der Nordseeküste. Viele arktisch brütende Watvögel wandern weit nach Süden bis an zentral- oder südafrikanische Küsten. Insektenfressende Kleinvögel aus Mitteleuropa müssen unserem Winter ebenso ausweichen wie die arktischen Brutvögel den Norden verlassen. Die Küstenseeschwalbe zieht von ihrem arktischen Brutgebiet die Küsten entlang bis in die Antarktis, um dort im südlichen Sommer zu „überwintern“. Da sie die Rekordhalterin in Sachen Zugdistanz ist, verdient sie ein paar Bemerkungen mehr. Jedes Jahr pendeln diese Vögel die Küsten entlang vom Hohen Norden bis weit in den Süden des Erdballs

und wieder zurück. Sie können dabei jährlich 80 000 bis 96 000 Kilometer zurücklegen. Sie tun das den Leuchtgarnelen zuliebe, die Krill genannt werden (s. S. 75). Die können sie im antarktischen Sommer im Langtag in genügender Menge fangen, um davon zu überleben und fast pausenlos zu fliegen – außer im Norden in der Brutzeit. Um die Jungen aufzuziehen, müssen sie Fische entsprechender Größe fangen, die es hier nur im Sommer gibt.

Der junge Steinschmätzer ist im September südwärts unterwegs und rastet hier bei Westerhever in Schleswig-Holstein.

Viele Vogelpopulationen wandern aber kürzere Strecken, von Mitteleuropa nur bis ins Mittelmeergebiet und wieder zurück. In Skandinavien brütende Mönchsgrasmücken fliegen bis Nordafrika, die mitteleuropäischen meist nur ans Mittelmeer, die Vögel der Kanaren bleiben das ganze Jahr über als Jahresvögel auf den Atlantischen Inseln. In Europa ist der Vogelzug im Wesentlichen nordwärts-südwärts gerichtet. Er reicht bei zahllosen Vögeln bis nach Afrika, teilweise bis nach Südafrika. Viele Vögel weichen schwierigen Teilstrecken wie Hochgebirgen, größeren Meeresstrecken und Wüsten aus. Andere überfliegen solche Gebiete, teils in Non-Stop-Flügen, teils während der Nacht und in großer Höhe (s. S. 123).

Die Kurzstreckenzieher haben es relativ leicht. Sie fliegen in Europa in südlichen Richtungen, müssen aber nicht die Sahara erreichen oder überqueren. Die Langstreckenzieher stehen vor größeren Aufgaben. Sie überwinden das Mittelmeer und die Sahara und lassen sich dann in den Savannen nördlich des Äquators nieder oder sogar südlich davon. Wenn sie die Gefährdungen des Mittelmeergebiets überstanden und die afrikanische Nordküste erreicht haben, stehen sie dort Hunderte von Kilometern langen Fanganlagen mit Lockvegetation, Netzen, Leimruten und anderen Gefährdungen gegenüber. Die Langstreckenzieher weisen u.a. aus diesen Gründen starke Rückgänge in den

Die Gartengrasmücke ist der typische Langstreckenzieher, der im Spätsommer Fettvorräte anlegt, um genügend Energie für den Flug nach Afrika zur Verfügung zu haben.

Populationsgrößen auf. Sie werden bei uns in die Roten Listen gesetzt. Dazu tragen auch Klimawandel und zunehmender Gebrauch von Bioziden in der afrikanischen Landwirtschaft und bei uns bei.

Als Teilzieher klassifiziert man Vögel und Populationen, von denen nur ein Teil wandert und andere bleiben. Dazu gehören auch solche Populationen, die scheinbar den ganzen Winter über anwesend sind, in Wirklichkeit aber durch Austausch in Bewegung sind: Ein Teil der Vögel zieht weg, wird aber durch nachrückende Artgenossen aus nördlicheren Populationen ersetzt. Das Rotkehlchen und der Zaunkönig gehören zu diesen Vogelarten.

Zaunkönige sind Teilzieher, die auch im Winter bei uns anzutreffen sind.

Viele Vögel kehren ortstreu an ihren alten Aufenthalt zurück. Sie können ihren früheren Brutort wieder aufsuchen, manche sind sogar geburtsortstreu. Von Rauchschwalben weiß man, dass sie im südafrikanischen Überwinterungsgebiet wieder denselben Ort aufsuchen. Silberreiher haben in jüngerer Zeit zunehmend Mitteleuropa als Überwinterungsgebiet gewählt. Ein in Weißrussland im Brutgebiet beringter Reiher hat sich zum Winter 2021 zum vierten Mal an demselben Platz in Nordhessen eingestellt.

Wandern oder Bleiben?

Wandernde Vögel gehen viele Risiken und Kosten ein. Sie müssen ihre gespeicherten Energiereserven opfern, um z. T. riesige Strecken zurückzulegen. Sie müssen Lebensräume durchmessen, die ihnen weder Nahrung noch Wasser bieten, aber Hitze- und Kältestress bescheren. Sie können Feinden begegnen, auf die sie nicht eingestellt sind und denen sie nicht leicht entgehen können. Sie können mit Objekten zusammenprallen, die sie bei Nebel und bei Nacht nicht sehen. Die Anstrengungen der Wanderung können ihre Lebensaussichten und die Fortpflanzungserfolge in Zukunft vermindern.

Nichtzieher oder Standvögel haben demgegenüber den Vorteil, ihre jeweiligen Standorte gut zu kennen und nutzen zu können, auch mit Feinden besser umzugehen. Sie sind im Frühjahr gleich am richtigen Ort, wenn es gilt, ein Brutrevier einzurichten. Sie vermeiden etliche Risiken und Kosten der wandernden Vögel. Sie gehen aber das Risiko ein, in einem strengen Winter ihr Leben zu verlieren. In einer Population, in der es Zieher und Nichtzieher gibt, wird jederzeit die Selektion arbeiten.

Eine Folge harter Winter wird sich auf den Anteil von Ziehern positiv auswirken, auf den der Nichtzieher negativ. Ist beides genetisch programmiert, kann innerhalb weniger Generationen der Anteil von Ziehern oder Nichtziehern in einer Population durch Selektion umgestellt werden. Viele Vogelpopulationen sind daher als Teilzieher programmiert.

Die Wanderwege

Beringung und andere Methoden

Den Metallring eines Höckerschwans kann man unter günstigen Bedingungen aus der Nähe mit dem Fernglas ablesen.

Da man bis in die jüngste Vergangenheit einen Vogel nicht einfach bei seinem Wanderflug begleiten konnte, waren indirekte Methoden der Zugvogelforschung nötig. Als erstes hatte man aber schon in der Antike durch Beobachtung festgestellt, dass Vögel im Herbst südwärts davonflogen und im Frühjahr zurückkehrten. Ein neuzeitliches frühes Indiz für Fernwanderungen war ein Weißstorch, der 1822 in Mecklenburg mit einem afrikanischen Pfeil im Hals angetroffen und erlegt wurde. Im Jahr 1890 hatte dann der dänische Lehrer Hans Christian Mortensen die zündende Idee der Vogelberingung. Ab 1903 wurde dieses Verfahren von J. Thienemann, dem Leiter der Vogelwarte Rossitten auf der Kurischen Nehrung, systematisch durchgeführt. Ein gefangener Vogel wurde mit einem leichten Metallring am Lauf versehen, der eine Nummer und die Adresse der Vogelwarte trug. Wurde der Vogel später anderswo gefunden oder wieder gefangen, konnte man auf seine zwischenzeitliche Wanderung zurückschließen. Bis zur Gegenwart sind weltweit mehr als 200 Millionen Vögel auf diese Weise markiert worden. Bei größeren Vögeln wie Gänsen und Kranichen setzte man später auch Ringe oder Farbringkombinationen ein, die mit Fernglas oder Spektiv abgelesen werden konnten und für den Einzelvogel mehr Daten ergaben. Allein für Deutschland ist aus Ringfunden schon wiederholt ein umfangreicher Atlas mit zahllosen Zugkarten für die Brut- und die Gastvögel entstanden.

Dieser Höckerschwan ist mit einer Halsmanschette markiert und mit Fernoptik leicht ablesbar.

In jüngerer Zeit sind Datenlogger, Transponder und Telemetriesender ins Spiel gekommen, die es ermöglichen, Vögel individuell und teilweise auf große Distanz zu verfolgen. Die Satellitensender gestatten nicht nur, den Vogel zu lokalisieren, sondern auch, sein Verhalten zu registrieren. Die Sender werden immer kleiner konstruiert und leistungsfähiger, sodass auch

Kleinvögel besendert werden können. Das Gewicht des Senders darf 5 % des Vogelgewichts nicht überschreiten. Eine Gartengrasmücke von 20 Gramm darf also einen Sender von 1 Gramm Gewicht tragen.

Wann und wohin: Orientierung in Zeit und Raum

Das Problem der Orientierung ist zweigeteilt: Orientierung in der Zeit, Orientierung im Raum. Der Vogel muss einerseits entscheiden, wann im Jahr er mit seiner Wanderung beginnt und wann er sie beendet. Wenn er dies weiß, muss er aber andererseits auch noch jederzeit die richtige Richtung wählen, in der er wandert. Die Richtung kann während der Wanderung wechseln. Vögel, die in Europa nach Südwest über die Iberische Halbinsel ziehen, müssen sich in Afrika südwärts orientieren. Sie absolvieren also einen Zugknick, der in ihrem genetischen Zugprogramm fixiert ist. Würden sie diesen Zugknick nicht beherrschen, könnte es sein, dass sie auf den Atlantik hinausfliegen und sich dort verlieren.
Die Orientierung im Raum beinhaltet als weiteres Problem noch die Distanz, die der Vogel zurücklegen muss, um richtig anzukommen.

Kraniche ziehen im sozialen Verband (Altvögel). Die Jungen lernen dabei die Zugwege kennen.

Orientierung im Raum

Am einfachsten findet ein Vogel sein Zielgebiet, wenn er mit Artgenossen fliegt, die die Richtung und Entfernung schon kennen, wenn er also nach Tradition fliegt. Das kommt für Vögel wie Kraniche und Gänse infrage, die als Familienverbände bzw. in der Gruppe fliegen. Die Jungvögel lernen beim ersten Flug die Strecke kennen. Die Orientierung nach Erfahrung, die hier gefragt ist, bedient sich bestimmter Landmarken wie Berge, Küsten, Flusstäler, vielleicht auch Wälder, Flughäfen, Städte. Doch bei vielen Vögeln fehlt dieser soziale Zusammenhang. Sobald der Vogel allein fliegen muss, sobald er bei Nacht oder bei fehlender Sicht fliegt, benötigt er andere Methoden des Richtungsfindens. Dazu verfügt er über die Fähigkeit, das Magnetfeld der Erde zu nutzen (s. S. 76).

Wann und wie weit: Orientierung in der Zeit

Woher wissen die Vögel, wann es Zeit ist, im Sommer oder Herbst für den Wegzug aufzubrechen? In Mitteleuropa gibt es damit weniger Probleme. Ab der Jahresmitte werden die Tage kürzer. Die Vögel können die Tageslänge als Zeitgeber verwenden und sich auf das Wegziehen einstellen, wenn es draußen später hell und früher dunkel wird. Dies ist aber in den Tropen nicht möglich, weil es dort keine auffallenden jahreszeitlichen Unterschiede in der Tageslänge gibt.

Wenn man eine Gartengrasmücke oder einen anderen Langstreckenzieher in einen Käfig setzt und ihn unter konstanten Verhältnissen hält, kann er nicht mehr auf die sich verändernde Tageslänge oder andere Außenbedingungen reagieren. Er ist nur auf die ihm innewohnende Information angewiesen. Der Vogel wird dann im Spätsommer trotzdem nachts unruhig werden und im Käfig schwirren, als ob er davonfliegen wolle. Diese Zugunruhe dauert einige Wochen an und erlischt dann wieder. Sie tritt nochmals im Frühjahr auf. Beim Vergleich verschiedener Grasmückenarten zeigt sich: Die Gartengrasmücke und andere weit fliegende Arten produzieren viel Zugunruhe, andere weniger weit fliegende Arten belassen es bei wenig Zugunruhe. Standvögel wie die Sardengrasmücke erzeugen nur ganz wenig davon. Die Orientierung in der Zeit wird also über ein artspezifisches endogenes Zugzeitprogramm organisiert. Der Vogel bestimmt die Distanz, die er fliegen muss, über seine Flugdauer. Die innere Jahresuhr, nach der er fliegt, wird immer wieder mit der äußeren kosmischen Rhythmik synchronisiert, weil sie nicht so genau geht wie die Sonne.

Hoch am Himmel

Wandernde Rauchschwalben müssen sich ständig um Nahrungssuche kümmern. Sie fliegen normalerweise nicht höher als 700 bis 800 Meter über Grund, bei schlechtem Wetter jagen und ziehen sie aber direkt über dem Boden. Für Mauersegler sind Flughöhen bis 2800 m belegt. Die größ-

Schneegänse kamen früher auch nach Europa zum Überwintern. Heute sind sie vor allem Zugvögel Nordamerikas.

ten Leistungen kennt man von den Streifengänsen. Sie brüten im Sommer an hochgelegenen Seen in Tibet und Zentralasien, aber ihr Winteraufenthalt liegt in Indien. Zwischen Brutgebiet und Überwinterungsgebiet müssen sie südwärts den Himalaja überqueren, im Frühjahr in der Gegenrichtung. Dazu suchen sie sich Pässe in Höhen zwischen 4000 und 6000 Metern aus, Zugtrupps sind aber auch schon bei 9000 Metern gesehen worden. Sie sind dabei extremen Bedingungen ausgesetzt. Der Sauerstoffpartialdruck der Umgebung erreicht nur ein Drittel des Wertes auf Meereshöhe. Sie sind dafür besonders ausgestattet. Sie verfügen unter anderem über ungewöhnlich große Lungen. Ihr Blutfarbstoff hat durch eine Mutation eine extrastarke Bindungsfähigkeit für Sauerstoff entwickelt. Von Ringelgänsen wissen wir, dass sie vor dem Zug besonders viel Blut bilden. Auch Schwarzmilan, Sperber und andere Zugvögel vermögen ohne weiteres bei 5000 Metern Höhe die Gebirgssperre zu überqueren. Dabei müssen sie nicht nur die dünne Luft aushalten und darin fliegen, sondern auch eisige Außentemperaturen ertragen.

Manchmal werden solche Flughöhen auch abseits der Gebirge erreicht. Das gilt für Geier in der afrikanischen Savanne, wo sie in den aufsteigenden Luftströmen kreisend Tausende von Metern Höhe erreichen können. Ein Sperbergeier stieß auf mehr als 11000 Metern Höhe mit einem Flugzeug zusammen, das dann zur Notlandung gezwungen war. Singschwäne ziehen im Herbst von Island nach Irland. Ein Zugtrupp von dreißig der Vögel wurde über dem Meer auf einer Höhe von 8200 Metern angetroffen. Sie flogen mit starkem Rückenwind und erreichten eine Geschwindigkeit über der Meeresoberfläche von 140 km/h – und das bei Außentemperaturen von minus 40 Grad Celsius und geringem Sauerstoffgehalt der Luft. Für Vögel, die sich mit Schlagflug fortbewegen, bringt die Höhe noch eine Erschwernis. Mit steigender Höhe wird die Luft dünner. Deswegen müssen sie in der Höhe schneller mit den Flügeln schlagen, um die gleiche Leistung zu erreichen, bei 2000 Metern Höhenunterschied etwa einen Schlag mehr pro Sekunde, also beispielsweise 7 statt 6. Vergleichsweise können sie sich direkt über dem Meer zwei Flügelschläge pro Sekunde sparen, brauchen also nur 4 statt 6 pro Sekunde. Anders gesagt, die Luft ist nahe über dem Meer oder dem Boden dicker und trägt besser.

Noch ein Extrem: Wandern im Jet-Strom

Jet-Ströme sind starke Winde, die in großen Höhen wehen, dort wo fast schon die Verkehrsflugzeuge ihre Bahnen ziehen. Im Süden Israels über der Negevwüste konnten im Frühjahr mit eng gebündeltem Radarstrahl Wasservögel erfasst und beobachtet werden. Im Laufe des Morgens und vormittags stiegen dort die Durchzügler auf 5000 Höhenmeter und mehr auf. Hier fanden sie starke Rückenwinde von 70 bis 140 km Stundengeschwindigkeit vor, außerdem dünne Luft und Temperaturen von -20 bis -30 Grad Celsius. In dieser Situation zogen die Vögel mit Eigengeschwindigkeiten von 90 bis 140 km/h, ja sogar bis zu 180 km/h nordwärts. Da sie im Extremfall bis zu 9000 Metern hoch aufstiegen, bewegten sie sich in Höhen weit außerhalb der Leistung von Kameras oder des unbewaffneten menschlichen Auges – Vogelzug hoch über den Wolken – damals nur für Radar erfassbar. Aber der Radarstrahl kann nicht sehen, um welche Vogelart es sich handelt.

Wandern fern von Gebirge, Savanne und Meer

Bisher haben wir uns Vögel unter extremen Bedingungen in extremen Lebensräumen fliegend vorgestellt. Aber wie ist es bei uns im Flachland, im Hügelland, im Mittelgebirge, wo die wandernden Vögel nicht auf Hindernisse wie Wüste, Meer und Hochgebirge stoßen? Welche Höhen nutzen sie hier? Viele Vogelarten ziehen in der Nacht. Mit Radar und anderen Methoden hat man die im Dunklen vorbeiwandernden Vögel orten können. Man kann sie sogar vor der Scheibe des Vollmonds vorbeifliegen sehen und erfassen. Die niedrig bis in Höhen von 200 Metern fliegenden Vögel machen 20 bis 25 Prozent der nächtlichen Durchzügler aus. Das ist so niedrig, dass diese Durchzügler durch Windkraftanlagen und hohe Bauwerke gefährdet werden. Viele weitere fliegen bis etwa 600 Meter über dem Boden. Darüber dünnt sich die Dichte der nächtlich wandernden Vögel allmählich aus, die höchsten erreichen zwischen 3000 und 4000 Metern. Beim Zug während des Tages sieht das Bild ähnlich aus. Doch halten sich etwa 50 % an die untersten 200 Meter. Darüber nehmen die Zahlen ab, die höchsten Wanderer übersteigen kaum 2000 Meter. Dennoch: Schon bei wenigen hundert Metern wird man kleinere Vögel aus den Augen verlieren, sodass sich ein Großteil des Vogelzugs bei Tag unserer Wahrnehmung entzieht. In der Nacht sind wir allenfalls noch auf ihre Zugrufe angewiesen, die aber auch nicht sehr weit reichen.

Das Randecker Maar ist ein Hotspot des Vogeldurchzugs im Herbst und ein Pilgerort für Feldornithologen.

Ein Hotspot: das Randecker Maar

Einen besonderen Fall stellt das Randecker Maar in der Schwäbischen Alb dar, wo Dr. Wulf Gatter und seine Mitarbeiter seit mehr als vierzig Jahren alljährlich systematische Beobachtungen des herbstlichen Tagzugs durchführen – mit bloßem Auge, starken Ferngläsern (15 x) und Spektiven. Das Maar ist der Rest eines ehemals kreisrunden Vulkankraters am Nordrand der etwa 800 Meter hohen Schwäbischen Alb. Es ist nach Nordosten hin abgetragen und öffnet sich zum etwa 300 Meter hoch liegenden Vorland. Hier werden die von Norden und Nordosten her anfliegenden Zugvögel durch die Landschaftsstruktur aufgefangen und in maßvoller Steigung auf die Hochfläche der Alb geleitet. Der Vogelzug verdichtet sich durch seitliche Hügel sowohl in der Horizontalen als auch in der Vertikalen zu einem Strom, der die auf 773 m Höhe gelegene Beobachtungsstation häufig auf Augenhöhe passiert.

Ziehende Ringeltauben bilden große ungeordnete Flugtrupps.

Es bedarf erstklassiger Kenntnis und großer Geduld, die vorbeiziehenden Vögel von der Morgen- bis in die Abenddämmerung mit Artzugehörigkeit und Individuenzahl zu erfassen, und das freiwillig über Wochen und Monate hin. Nur selten und bei bestem Wetter lässt sich dabei vereinzelter Durchzug in großer Höhe entdecken: ein Finkenschwarm, der im Fernglas der Flugbahn eines hoch ziehenden Greifvogels begegnet, Saatkrähen, die am blauen Himmel vor den Kondensstreifen eines Düsenflugzeugs aufkreuzen, und Möwen oder Limikolen, von denen im Sonnenlicht nur die Flügel aufblitzen. Die große Masse des Vogelzugs mit knapp 80 % geht aber niedrig oder in mittlerer Höhe vor sich, das heißt für die Beobachter unmittelbar greifbar. Nur an 1 % aller Beobachtungstage wurde der Zug als extrem hoch eingeschätzt, sodass der größte Teil sich der Beobachtung entzog.

Kleine Vögel ziehen niedrig

Wenn man alle über Jahre registrierten Vögel zusammenfasst, flogen am Randecker Maar 80 % nicht höher als 100 m über dem Boden. Nur 14 % flogen in der nächsten 100 Meter-Klasse. Nur 1 % wurde bei Flughöhen über 500 Metern erfasst. Bei Rückenwind tendierten die Vögel zu etwas größerer Flughöhe. Es waren vor allem die großen Vögel, die in größeren Höhen erfasst wurden. Saatkrähen zogen in etwa 300 Metern Höhe durch, für Kormoran, Graureiher, Schwarzstorch und Rotmilan wurden 170 m Höhe geschätzt, einige größere Greifvögel mit 100 bis 150 Metern. Baumfalke, Merlin und Feldlerche brachten es auf nur 70 Meter,

Meisen, Kleiber, Baumläufer sowie kleine Finkenvögel zogen in durchschnittlichen Höhen von 20 Metern durch. Ein Viertel aller Starentrupps flog weniger als 10 Meter hoch vorbei, manche direkt über dem Boden bei 30 cm. Diese Werte lassen sich wegen der besonderen Landschaftsstruktur nicht auf andere Beobachtungsstationen übertragen.

Es traten auch Unterschiede zwischen nahe verwandten Arten auf. Mehlschwalben flogen höher als Rauchschwalben. Das findet seine Erklärung darin, dass beide Schwalben auch während des Zuges Beute machen. Die von den Mehlschwalben gefangenen kleinen Insekten werden vom Wind in größere Höhe verdriftet, während die Fliegen oft aktiv ziehen und geringere Höhen aufsuchen, wo sie von den Rauchschwalben aufgeschnappt werden. Auch von anderswo her wird bestätigt, dass der herbstliche Wegzug der Zugvögel vorwiegend in niedriger Höhe vor sich geht. Als menschlicher Beobachter verpasst man also nur einen kleinen Teil des Geschehens am Himmel, wenn man sich nicht gerade im Himalaja oder in der Wüste aufhält.

Wandern in der Nacht

Große Vögel mit breiten Flügeln können am besten tagsüber wandern, wenn die Sonne scheint und warme Luft als Thermik von unten aufsteigt (s. S. 40). Sie kreisen dann in die Höhe und gleiten anschließend in Zugrichtung bis zur nächsten Thermik-Gelegenheit. Aber Kleinvögel werden durch die Luftturbulenzen eher gestört. Besonders Langstreckenzieher, die von Europa nach Afrika und zurück unterwegs sind, wandern daher oft in der Nacht. In klaren Nächten können sie dabei den Sternenkompass nützen, sonst verlassen sie sich auf den Magnet- oder den Sonnenkompass (s. S. 76). Nächtlicher Zug hat aber auch sonstige Vorteile:

Über dem israelischen Jordantal kreisen durchziehende Schwarzmilane in einem Thermikschlauch aufsteigender Warmluft.

Die Lufttemperaturen sind niedriger, besonders in größerer Höhe, die Sonneneinstrahlung fällt weg. Da der Vogel während des anhaltenden Flugs viel Muskelwärme produziert, kommt Kühlung ihm entgegen. Auch der Wasserverlust beim Ausatmen wird geringer, wenn es kühl ist. Und schließlich sind nachts weniger Feinde aktiv: Baumfalke und Sperber jagen nur tagsüber, Eulen steigen nicht in den freien Luftraum auf.

Gefahr besteht darin, dass die Vögel hoch aufragende Objekte besonders bei Nebel nicht rechtzeitig erkennen und sich daran zu Tode fliegen. Solche Gefahr geht vor allem von verglasten Gebäuden, Brücken und Leuchttürmen aus, auch von hohen Windkraftanlagen. Der Helgoländer Leuchtturm hat schon Tausende von Vögeln das Leben gekostet.

Invasionen, Evasionen

Im Abstand von einigen oder vielen Jahren tauchen bei uns plötzlich in großer Zahl Vertreter von Vogelarten auf, die sonst nicht erscheinen. Eines Tages sitzt im herbstlichen Vogelbeerbaum oder im Schneeballstrauch eine ganze Schar von Seidenschwänzen und lässt sich die Früchte schmecken. An einem geschützten Schlafplatz im Fichtenhochwald sammeln sich abends Hunderttausende oder Millionen von Bergfinken, um hier zu übernachten. Tagsüber haben sie in den fruchtenden Buchenbeständen der Umgebung Bucheckern gefressen. Dünnschnäblige Tannenhäher östlicher Herkunft sind scharenweise auf der Suche nach Haselnüssen. Man spricht bei solchen Erscheinungen von Invasionen oder Irruptionen. Aus der Sicht der Herkunftsgebiete, aus denen sie stammen, sind sie Evasionsvögel.

Das unerwartete Auftauchen großer Scharen von Vögeln hat in der Vergangenheit immer wieder zu abergläubischen Deutungen geführt. Seidenschwänze wurden als Krankheitsbringer angesehen (Holländisch: Pestvogel). Inzwischen wissen wir aber, dass es Nahrungsmangel in den Herkunftsgebieten der Vögel ist, der sie zur Flucht zwingt. Seidenschwänze ernähren sich im Sommer von Insekten und anderen Kleintieren, sind aber im Herbst- und Winter vor allem auf Früchte der Eberesche angewiesen. Wenn diese Früchte in den Herkunftsgebieten der Vögel ausfallen, kommen die Seidenschwänze scharenweise zu uns nach Süden und Westen geflogen und ernähren sich hier von einer Vielzahl verschiedener Früchte einschließlich Weinbeeren, Obst verschiedener Art und Mistelbeeren. Ein guter Fortpflanzungserfolg beim Tannenhäher in Russland und Sibirien führt zu hohem Nahrungsbedarf an Samen der Sibirischen Zirbelkiefer. Wenn bei dieser Kiefer gleichzeitig eine Missernte eintritt, müssen die Häher hungern und suchen ihr Wohl in der Ferne.

Gefährdung und Schutz

Was wir für die Vögel tun können

Vögel sind uns Menschen nahe. Sie sind Augentiere und Ohrentiere wie wir. Viele nutzen ihre Lebensräume nach ähnlichen Kriterien wie wir. Deswegen sind sie auch als Indikatoren geeignet, um die Qualität eines Lebensraumes für uns anzuzeigen. Wenn die Vögel in einem Lebensraum abnehmen oder aussterben, bedeutet das für uns Alarm. Das gilt besonders für die agrarindustriellen Flächen, wo auf vielen Quadratkilometern Energiemais angebaut wird (s.u.). Das sind keine Lebensräume für Vögel, vor allem, wenn sie mit Bioziden behandelt werden. Seit 1980 haben viele Vögel der Agrarlandschaft nach Angaben des NABU prozentual abgenommen: die Feldlerche um 55 %, das Braunkehlchen um 57 %, der Wiesenpieper um 79 %. Am schlimmsten hat es die Turteltaube mit 89 %, das Rebhuhn mit 91 % und den Kiebitz mit 93 % getroffen. Wie kann man diesen Vögeln helfen? Es bedarf einer Kehrtwende in der Landwirtschaft (s. S. 130).

Ein Fichtenforst, der durch Sturm und ein massenhaftes Auftreten von Borkenkäfern zerstört wird, ist ebenfalls kein intakter Lebensraum. Er zeigt uns Fehler an, die wir im Waldbau begangen haben: Monokultur, falsches Erbgut der Bäume, falsche Zonierung im Bergland und vieles mehr. In dem sterbenden Wald feiern Borkenkäfer, aber auch Spechte einen Totentanz, das heißt sie vermehren sich stark, ehe sie später unter anderen Bedingungen wieder zu normalen Populationsdichten zurückkehren. Lässt man nach der Kalamität das Totholz liegen und den Wald in Ruhe wieder wachsen, entsteht ein natürlicher und stabiler Mischwald. Man spricht da von Sukzession. Zunächst siedeln sich Weichhölzer wie Birken, Espen und Weiden mithilfe des Windes an, Ebereschen werden in Form von Samen durch die Vögel herbeigetragen. Später erst kommen weitere Laub- und Nadelbäume hinzu, die dann das Regime übernehmen. Während der Entwicklung finden sich je nach Entwicklungsstadium verschiedene typische Vogelarten ein, zuerst Baumpieper und Goldammern, später Dorn- und Gartengrasmücken, erst im reifen Wald dann die echten Waldvögel wie Buntspecht und Tannenmeise, schließlich auch der seltene und scheue Schwarzstorch und das Auerhuhn. Ein natürlicher Wald unterliegt aber jederzeit Änderungen: Alte Bäume stürzen um, ganze Flächen werden durch Naturereignisse wie Sturm, Lawinen und Brand zerstört. Sie können sich aber wieder erneuern, ohne Eingriffe des Menschen.

Die Haubenlerche als Bewohnerin offener Lebensräume hat bei uns nur an wenigen Orten in kleinen Restpopulationen überlebt.

Klima und Vögel

Das Braunkehlchen ist ein Langstreckenzieher. Der Vogel ist über das Meer nach Helgoland geflogen und ruht sich erschöpft von seiner Wanderung aus.

Unter der Wirkung menschengemachter Faktoren ändert sich das Klima gegenwärtig in rasantem Tempo weltweit: Die Durchschnittstemperaturen werden höher, die Niederschläge ändern sich in Raum und Zeit, der Meeresspiegel steigt an, die Wetterextreme werden häufiger und die Jahreszeiten verändern sich. Vögel in fast allen Gebieten sind davon betroffen.

Seit Jahrzehnten ist es spürbar: Die Kurzstreckenzieher kommen im Frühjahr eher bei uns an und beginnen früher mit der Brut. Das kann im Extremfall eine durchschnittliche Verschiebung von einem Tag pro Jahr ausmachen. Die Langstreckenzieher, die bis nach Zentral- oder Südafrika wandern, sind weniger betroffen, weil sie in ihren Überwinterungsgebieten keine Informationen über die Entwicklung in ihren Brutgebieten haben, allenfalls in ihren weiter nördlich gelegenen Rastgebieten. Bei einigen Zugvögeln nimmt sogar die Tendenz zu, hier zu überwintern. Auffällig ist dies bei Arten wie Kranich, Mönchsgrasmücke und Zilpzalp. Ihnen kommen die milden Winter entgegen. Wenn Insektenfresser als Langstreckenzieher wie gewohnt spät bei uns ankommen und normal brüten, können sie mit einer Entkoppelung („Mismatch") mit dem Nahrungsangebot bei der Aufzucht der Jungen konfrontiert werden. Die Jungvögel schlüpfen zu spät und müssen im Nest hungern, wenn das maximale Angebot an Insekten und Insektenlarven schon vorüber ist. Hierbei wirkt starker Selektionsdruck und es ist fraglich, wie schnell sich die Vögel mit ihrer Jahresperiodik anpassen können. Wir können ihnen entgegenkommen, indem wir naturnahe giftfreie Lebensräume entstehen lassen, in denen es langfristig eine hohe Biodiversität an Pflanzen und Tieren gibt, vor allem an Insekten, von denen sich viele Kleinvögel ernähren.

Auch bei der Verbreitung der Vögel wird die Klimaänderung wirksam. Dabei wirken sich nicht nur die Temperaturen, sondern auch die Niederschläge aus, und das indirekt über die Vegetation und andere Faktoren. In Nordamerika und Europa ließ sich seit der jüngsten Jahrtausendwende innerhalb von etwa 20 Jahren eine nordwärts gerichtete Verschiebung von 15 Kilometern bei den Verbreitungsgrenzen von Vögeln ermitteln. In Mitteleuropa breiten sich südliche Arten wie Zwergohreule, Bienenfresser, Seidensänger und Wiedehopf als Brutvögel nordwärts aus. Entsprechend müssen sich die Höhengrenzen für die Verbreitung der Vögel in den Gebirgen verhalten. Mit steigender Temperatur verschieben sie sich nach oben, zunehmende Niederschläge wirken aber entgegengesetzt. In 20 Jahren sind in den Bergen die Grenzen der Höhenverbreitung der Vögel statistisch um 6,6 Meter nach oben gestiegen. In den Bergen und in den Polarregionen wird der verfügbare Raum dabei geringer. In der Arktis zieht sich das Packeis mit den darin lebenden Robben früher im Jahr zurück, sodass die Eisbären den Zugriff auf ihre hauptsächliche Beute verlieren. Auf Spitzbergen haben sie sich auf die Vogelkolonien umgestellt und vernichten ganze Brutvorkommen der Weißwangengänse an den Küsten und auf kleinen Inseln.

Dramatisch sind aber auch Verluste, die gar nicht direkt oder indirekt mit dem Klima zu tun haben. In den von der Landwirtschaft intensiv genutzten Flächen in Europa haben in 30 Jahren zwischen 1980 und 2009 die Brutvögel um 50 % abgenommen. Besonders betroffen davon sind Arten wie Feldlerche und Rebhuhn. Die Intensivierung der Landwirtschaft führt außerdem zur Abnahme von möglichen Brutplätzen in Hecken, Feldrainen und Brachen. Die Bestände der Wiesenvögel, wie Braunkehlchen, Brachvogel und Kiebitz, sind vielerorts stark bedroht oder bereits verschwunden. Die direkte Ursache für den Rückgang vieler Arten ist das Insektensterben und dadurch die Nahrungsknappheit bei der Jungenaufzucht. Der Einsatz von Herbiziden hat zur Folge, dass die Wildkräuter verschwinden und damit die auf sie angewiesenen Insekten, aber auch das Angebot an Sämereien. Selbst der Haussperling, ein früher in Massen vorkommender Kulturfolger, nimmt in jüngerer Vergangenheit bedenklich ab und fehlt inzwischen in manchen landwirtschaftlich bewirtschafteten Gebieten Europas bereits vollkommen.

Der Wiedehopf benötigt warm-trockenes Klima, Nisthöhlen in alten Bäumen und Großinsekten für seine Ernährung. Ein Hoffnungsträger für die Zukunft?

Rabenkrähen in der Falle

Die Rabenkrähe kann sich an verschiedenste Lebensumstände anpassen.

Rabenvögel sind in der Vergangenheit immer wieder als Schädlinge verdammt und verfolgt worden (s. S. 77). Besonders die Jägerschaft ist gegen sie vorgegangen, weil sie in ihnen Feinde des Niederwildes vermutet hat. Selbst beim Naturschutz war ihr Ruf umstritten – bis zu dem Zeitpunkt, als sich herausstellte, dass die bodenbrütenden Wiesenvögel wie Kiebitz und Uferschnepfe ihre Gelege nicht tagsüber an Rabenvögel verlieren, sondern weit überwiegend bei Nacht an Fuchs, Marder and andere Prädatoren aus der Gruppe der Säugetiere.

Zu Beginn der 2000er-Jahre nahm sich die Landesjägerschaft Niedersachsen vor, ab 2004 im Landkreis Leer, auf einer Fläche von 106 000 ha, die Populationen von Rabenkrähe und Elster auf ein vertretbares Maß zu senken: Ein Paar pro 100 ha und möglichst keine zusätzlichen Nichtbrüter. Man muss dazu wissen, dass eine Rabenkrähenpopulation außer den territorial organisierten brütenden Revierpaaren auch eine Anzahl von Jungvögeln oder nicht territorialen Individuen enthält, die aber von den Revierinhabern abgedrängt werden. Da schon bekannt war, dass man eine Krähenpopulation nicht mit Bejagung dezimieren kann, wurde die Norwegische Krähenfalle eingesetzt. Dies wurde im Rahmen der wissenschaftlichen Begleitung des Projekts auch vom Institut für Wildtierforschung der Tierärztlichen Hochschule Hannover befürwortet. Bedingung war nach EU-weiter Bestimmung, dass die Falle selektiv arbeitet, das heißt nur die gewünschten Vogelarten darin gefangen werden. Die Norwegische Krähenfalle ist eine Drahtvoliere mit 6 Quadratmetern Fläche und den Maßen von 3 x 2 x 2 Metern, deren Dach in der Mitte abgesenkt und mit einer Einflugöffnung versehen ist. Hier können mittelgroße Vögel Eingang finden, aber nicht wieder herauskommen. Die Falle wird innen entweder mit lebenden Lockvögeln besetzt oder mit Futter beködert.

Schon in der ersten Fangsaison von Februar bis Oktober 2004 sind 5500 Rabenkrähen und Elstern in den Fallen gefangen und getötet worden. Dazu kamen aber 110 Saatkrähen, 50 Dohlen, 11 Mäusebussarde, 6 Eulen, 4 Habichte und 2 Falken – sämtlich Angehörige geschützter Arten. Anderswo sind in solchen Fallen mehrfach Uhus gefunden worden, die von den als Lockvögeln eingesetzten Krähen angezogen worden waren. Verletzte und sterbende Vögel in den Fallen sprechen weiter gegen das Verfahren und stellen auch Verstöße gegen das Tierschutzgesetz dar. Das Projekt ist bereits nach zwei Jahren eingestellt worden. Grundsätzlich weiß man, dass die Rabenvögel vom Menschen erzeugte Populationsverluste kompensieren: Sie legen mehr Eier, freie Reviere werden von Zuzüglern oder aus der Nichtbrüter-Reserve schnell aufgefüllt. Bestimmend ist die Kapazität des Lebensraums. Die Populationsdichte der Rabenvögel hat in der jüngeren Vergangenheit ganz allgemein in den Siedlungen zugenommen, in der Agrarlandschaft abgenommen.

Im Endergebnis des Projekts im Landkreis Leer war die Population der Rabenkrähen im Untersuchungsgebiet um etwa 25 % gesenkt. Danach fanden keine weiteren Kontrollen über die Erholung der Population mehr statt. Da Rabenvögel durchschnittlich nur in geringem Maße, z. T. unter 10 %, an den Nestverlusten von Wiesenvögeln beteiligt sind, kann man nicht durch Bekämpfung von Rabenvögeln Wiesenvogelschutz betreiben. Zum Schutz der Wiesenvögel und ihrer Lebensräume bedarf es anderer Maßnahmen.

Jagd

Durch die Vogelschutzrichtlinie der Europäischen Union sind sämtliche wildlebenden Vögel bei uns seit 1979 streng geschützt. Man darf sie weder töten noch verletzen oder ihre Nester zerstören oder ihre Bruten gefährden. Dennoch gibt es bis heute Vogelarten, die bejagt werden dürfen. Dazu können regionale Ausnahmeregelungen vom Schutz beschlossen werden. Die hochbedrohte Zwerggans, von deren nordeuropäischen Populationen nur noch wenige hundert Individuen erhalten sind, steht zwar unter strengem Schutz und darf auch nicht geschossen werden, ist aber bei der Jagd gefährdet, weil sie mit der sehr ähnlichen Blässgans verwechselt wird. Die Bejagung der Blässgans muss europaweit und in Asien eingestellt werden, wenn man die Zwerggans erhalten will.

Die Zwerggans ist wenig kleiner als die Blässgans, aber sonst sehr ähnlich.

Leider wird auch heute noch mit Bleimunition geschossen, um Tiere zu töten. Das führt dazu, dass an Gewässersäumen oder anderswo in der Landschaft erhöhte Bleikonzentration am Boden und im Wasser auftritt. Wasservögel, die Bleischrote anstelle von Magensteinen (s. S. 45) aufnehmen, vergiften sich damit, weil Blei im Organismus als schweres

Zellgift wirkt. Gleiches geschieht bei Greifvögeln wie Seeadlern und Geiern, die den Aufbruch oder das Aas erlegter Tiere fressen und dabei Bleistücke verschlucken.

Bei der Gänsejagd werden vornehmlich Schrotflinten eingesetzt. Als Munition werden bisher Bleischrot-Patronen mit ca. 200 Schrotkugeln benutzt, die den Flintenlauf als Garbe verlassen. Vor dem Flintenlauf verlieren die Schrote schnell Geschwindigkeit und streben auseinander. Obwohl die Schrote bis zu 300 m weit fliegen können, ist der Schrotschuss für Gänse nur auf Entfernungen bis zu 30 m tödlich. Bei größeren Entfernungen hat das einzelne Schrotkorn durchaus noch genügend Energie, um das Opfer zu verletzen, aber wegen der geringen Zahl das Ziel erreichender Schrotkörner führt dies nur selten zum Tod. Weil Gänse gewöhnlich in Gruppen fliegen und Menschen Höhen schlecht einschätzen können, werden viele Gänse von den Bleischroten nur verletzt. Die meisten gehen wohl später irgendwo in der Landschaft zugrunde, doch viele überleben. Mit einem Röntgengerät kann man bei lebenden Vögeln, die man für wissenschaftliche Zwecke eingefangen hat, prüfen, ob sie Bleischrote in sich tragen. Der Anteil der „angebleiten" Gänse lässt eine Aussage über den Jagddruck zu. Bei Röntgenaufnahmen gefangener Saatgänse im Oderbruch trug im Frühjahr fast ein Drittel aller vorjährigen Vögel Bleischrote im Körper. Bei den europaweit geschützten Weißwangengänsen wurden bei bis zu 19 % der Individuen Bleischrote im Körper festgestellt. Die Überlebensraten angeschossener Vögel sind erheblich eingeschränkt und die Überlebenden leiden auch unter einem deutlich verringerten Fortpflanzungserfolg. Jagd bedeutet nicht nur das Töten und Verletzen von Tieren, sondern wirkt sich auch als Störung aus. Dabei sind nicht nur die eigentlich bejagten und jagdbaren Individuen betroffen, sondern auch andere, die sich im gleichen Lebensraum aufhalten. Jagd auf Vögel ist heute ein archaisches Hobby, für das es in Mitteleuropa keine Notwendigkeit und keine Begründung gibt. Naturverbundene Jäger benutzen auch bei anderen Jagdzielen grundsätzlich keine bleihaltige Munition mehr.

Die Wasseramsel ist mit Gesang und Rufen von Alt- und Jungvögeln an natürlichen Lärm am Bach angepasst.

Lärm

An natürlichen Lärm, etwa durch rauschendes Wasser im Bach, haben sich einige Vögel genetisch angepasst, indem sie besonders hohe Frequenzen bei ihren Gesängen und Rufen verwenden: Gebirgsstelze und Wasseramsel sind hier gute Beispiele. Der Zaunkönig, der häufig auch die Nähe des Wassers sucht, singt besonders laut. Stare und die australischen Leierschwanzarten nehmen sogar Lärmquellen als Motive in ihre Gesänge auf. Ein Leierschwanz kann den Lärm einer ganzen Baustelle nachahmen. Anhaltender starker Lärm kann aber die Gesamtentwicklung eines Vogels nachteilig beeinflussen (s. S. 96). Freilebende Vögel versuchen, dem Verkehrslärm auszuweichen, der sich störend auf ihre akustische Kommunikation mit Gesang und Rufen auswirkt. Sie laufen auch Gefahr, die Geräusche von Feinden zu überhören, die sie bedrohen.

Besonders dramatisch wirkt sich starker, ungewohnter Lärm aus. Der an Silvester und bei anderen Gelegenheiten erzeugte, eindringliche und plötzliche Lärm von Feuerwerk, der bei Nacht mit unerwarteten Lichterscheinungen gekoppelt ist, kann erhebliche Auswirkungen auf wildlebende Tiere haben. Auf großen Wasserflächen übernachtende Enten und andere Wasservögel fliegen scharenweise ins Dunkel davon und sind dabei durch Anflug gefährdet, finden auch teilweise nicht mehr zurück. Nordische bei uns überwinternde Bläss- und Saatgänse flogen nach GPS-Senderdaten in der Silvesternacht 5 bis 16 km weiter als sie es sonst täten, im Extremfall flog eine Gans 500 km weit davon. Die Vögel flogen dann auch höher und ließen sich in größerer Entfernung von Ortschaften nieder. Sie mussten nach Silvester vermehrt Nahrung aufnehmen, um den Energieverlust auszugleichen. Selbst Kohlmeisen, die in Nistkästen übernachten, werden geweckt und zeigen Unruhe. Wer Vogel- und Naturschutz betreiben will, sollte auf Feuerwerk verzichten.

Eine Taube ist frontal an das Fenster geflogen und hat ihr Flugbild mit ihrem Federpuder auf die Scheibe gezeichnet.

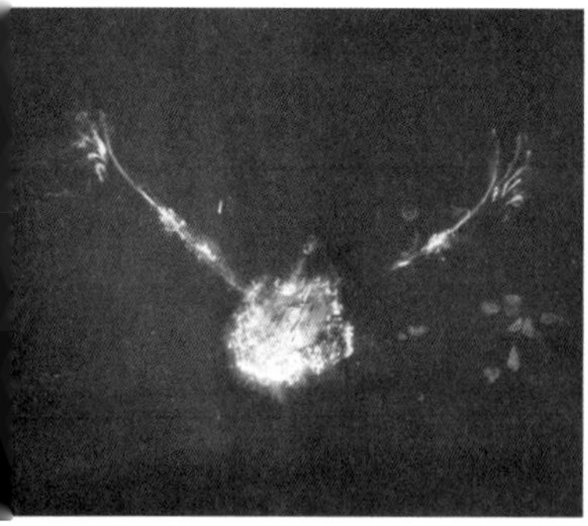

Glasanflug

Viele Hausbewohner mit Garten haben es schon erlebt. Ein Schlag am Fenster und die Nachschau fördert einen Vogel zutage, der draußen frischtot am Boden liegt. Die Gefahr des Vogelschlages ist besonders dann groß, wenn der Vogel durch das Haus hindurchschauen kann, also durch offene Türen und Fenster auf der anderen Hausseite Durchblick hat. Dadurch wird dem plötzlich anfliegenden Vogel eine Fluchtmöglichkeit vorgetäuscht. Doch auch die Spiegelung von Büschen und Bäumen in einer großen Glasscheibe führt zu solchen Täuschungen. Aufgeklebte Silhouetten von Greifvögeln werden nicht als Feinde, sondern nur als Hindernisse angesehen, und der Vogel fliegt daneben an die Scheibe.

UV-Markierung des Glases erzielt ebenfalls nur einen unzureichenden Erfolg. Wirkungsvoll sind Vorhänge und Jalousien sowie dichter Bewuchs vor oder hinter dem Glas. Am besten wirken gitterartige aufgemalte Streifen. Frisch gereinigte Scheiben sind gefährlich. Futterstellen sollten nicht zu nahe an Glastüren oder großen Fenstern stehen.

Nachts beleuchtete Fensterfronten sind besonders für nächtlich ziehende Vögel gefährlich. Am Ufer des Michigansees in Chicago liegt ein Gebäude, an dessen Glasfronten seit 1978 mehr als 40 000 Vögel umgekommen sind. In den USA sterben jährlich Hunderte Millionen Vögel durch Anflug an Gebäuden. Allein für Deutschland werden die Opfer auf 100 bis 115 Millionen pro Jahr geschätzt. Wie systematische Untersuchungen gezeigt haben, ließe sich die Zahl der Opfer bei minimaler Beleuchtung im Gebäude um 60 % reduzieren. Informationen und Empfehlungen zum Thema findet man in einer Broschüre über „Vogelfreundliches Bauen mit Glas und Licht“ der Schweizerischen Vogelwarte Sempach.

Wiederansiedlung

Für viele gefährdete Vogelarten besteht die maßgebliche Hilfe darin, dass man ihnen Lebensräume anbietet, die man im Sinne der Vögel gestaltet oder gedeihen lässt. P. Berthold hat das in vorbildlicher Weise getan und beschrieben (s. S. 139). Wenn alle anderen Methoden nichts helfen oder aussichtslos sind, kann man zu dem letzten Mittel im Artenschutz greifen: der Wiederansiedlung. Das bedeutet: Man setzt in einem Gebiet Vögel aus, die früher hier gelebt haben, aber ausgestorben sind. Dazu müssen strenge Vorbedingungen erfüllt werden, die von der Internationalen Naturschutzorganisation IUCN und auch vom Deutschen Rat für Vogelschutz formuliert worden sind. Sie sollen hier kurz aufgeführt werden:

Das Auerhuhn ist in Westeuropa in vielen Waldgebieten ausgestorben und war Gegenstand zahlreicher Wiederansiedlungsversuche.

- Die ehemalige Population ist ausgestorben und kann nicht von Natur aus wieder einwandern.
- Die Ursachen des Aussterbens sind bekannt und behoben.
- Andere Arten im Lebensraum werden nicht geschädigt.
- Die nötigen behördlichen Genehmigungen liegen vor.

- Das Projekt hat eine zeitliche Begrenzung.
- Das Projekt wird wissenschaftlich betreut.
- Es wird durch Öffentlichkeitsarbeit begleitet.
- Die freizulassenden Vögel gehören dem bodenständigen Genotyp an, falls noch vorhanden.
- Soweit sie aus menschlicher Obhut stammen, sind sie optimal aufgezogen und vorbereitet.
- Am wichtigsten: Genügend großer und geeigneter Lebensraum steht zur Verfügung. Unter Eignung sind die Vegetation mit Nahrungsangebot und der Feinddruck zu verstehen, manchmal auch das Unterbinden von Bejagung und Störungen durch Tourismus oder andere Faktoren.

Wie beschafft man geeignete Individuen einer regional ausgestorbenen Vogelart in ausreichender Zahl? Wie beschafft man über Jahre hin Auerhühner, um sie in einem Gebiet freizulassen? Bei dieser Art und anderen Raufußhühnern sind am besten Wildfänge aus dem Freiland geeignet. Früher hat man häufig handaufgezogene Vögel verwendet, was sich am Beispiel der empfindlichen Auerhühner nicht bewährt hat. Die Vögel aus der Handaufzucht wiesen Mängel im Feindverhalten auf, konnten die Naturnahrung nicht richtig verdauen, waren mit Medikamenten behandelt, die ihre Darmflora störten, manche waren sogar handzahm oder aggressiv gegenüber Menschen. Diese Vögel haben im Freiland meist nicht lange überlebt. Eine erfolgreiche Fortpflanzung war ausgeschlossen. Heute versucht man mit besseren Aussichten, parallel Wildfänge aus Skandinavien oder Russland und naturgemäß aufgezogene Jungvögel freizusetzen. Hoffnungsvolle Projekte mit dem Auerhuhn sind in Thüringen und der Lausitz im Gang.

Der Bartgeier ist in den Alpen erfolgreich wiederangesiedelt worden.

Erfolgreiche Projekte

Ein handaufgezogener Waldrapp kann sich völlig zahm verhalten, ist aber nicht ohne Weiteres für das Freilassen geeignet.

Der Bartgeier ist ein großer Greifvogel, der durch Aberglauben und illegale Bejagung in den Alpen und anderen Gebirgen Europas ausgerottet worden ist. Man kann die Vögel aber in großen Volieren züchten. Mithilfe eines international vereinbarten Zuchtprogramms, an dem sich viele Zoos, Vogelparks und andere Zuchtstationen beteiligten, wurden Jungvögel in geeigneten Gebieten der Alpenländer freigesetzt. Nach etlichen Jahren haben sich erstmals Paare gebildet, die heute erfolgreich brüten. Die Population wird sorgfältig bewacht und geschützt. Ähnlich erfolgreich verläuft die Wiederansiedlung des Habichtskauzes als Waldvogel im Bayerischen Wald, im benachbarten Böhmerwald und in Österreich.

Der Waldrapp ist ein ursprünglich europäischer Brutvogel aus der Familie der Ibisse, der bereits im Mittelalter bei uns ausgerottet wurde. Nur wenige kleine freilebende Teilpopulationen in Marokko, in der Türkei und im Nahen Osten sind verblieben, aber auch diese sind hochgradig gefährdet. Dagegen gibt es zahlreiche und erfolgreiche Zuchtpopulationen in Vogelparks und Zoos. Für die Wiederansiedlung in Österreich wurden anfangs Jungvogelgruppen von Hand aufgezogen, diese dann an das Fliegen in Begleitung eines Ultraleichtflugzeugs gewöhnt und auf diese Weise in ein Überwinterungsgebiet in der Toskana geführt. In der Lagune von Orbetello unweit Pisa musste aber vorweg über intensive Öffentlichkeitsarbeit Jagdfrieden hergestellt werden. Trotz mancher Verluste haben es etliche Vögel nach dem Überwintern geschafft, selbstständig zurück über die Alpen zu fliegen. Inzwischen haben erste Bruten im Freiland stattgefunden. Ein neuer Zugweg wird eingeführt, um das Hochgebirge zu vermeiden.

Durch intensive Schutzmaßnahmen haben sich auch weitere Großvögel in der jüngeren Vergangenheit erholt und wieder ausgebreitet. Hierzu zählen Uhu, Wanderfalke, Weißstorch, Schwarzstorch, Seeadler, Fischadler und Kranich. Rotmilan und Mäusebussard dagegen rücken in die Gefahrenzone des Aussterbens durch die Zunahme der Windkraftanlagen, auch im Wald.

Neozoen

Neozoen können in ganz anderer Weise Sorgenkinder des Naturschutzes werden als die durch Aussterben gefährdeten Arten. Neozoen sind Tiere, die unter menschlichem Einfluss nach 1492, dem Jahr der Entdeckung Amerikas durch Christoph Columbus, neu in ein Gebiet gelangt sind. Dieses Jahr gilt auch als das Ende des Mittelalters. Falls die Neubürger sich angesiedelt haben und sich seit mindestens drei Generationen oder 25 Jahren erfolgreich fortpflanzen und ausbreiten, werden sie als etabliert bezeichnet. Ein typisches Beispiel unter den Säugetieren ist der Waschbär, unter den Vögeln die Nilgans. Viele Arten sind durch den Schiffsverkehr in der Nordsee und an den Küsten unabsichtlich eingeschleppt worden, was auch heute noch geschieht, andere wurden absichtlich und gezielt angesiedelt. Für neue Vögel gibt es keine eigene Bezeichnung. Man könnte sie Neo-Aves nennen. Wenn Neozoen oder Neophyten (Pflanzen, zusammengefasst Neobiota) Schäden an heimischen Ökosystemen oder Arten erzeugen, werden sie als invasiv bezeichnet. Im Naturschutz gilt der Grundsatz, dass das Einführen oder Einschleppen fremder Art vermieden werden muss, da man nicht vorhersehen kann, ob eine neue Art invasiv wirkt. Das Freilassen fremder Arten ist auch gesetzlich untersagt.

Neue Vogelarten, die scharenweise auftreten, finden die besondere Aufmerksamkeit der Menschen. In vielen Städten im Rhein-Neckar-Gebiet haben sich entkommene oder freigelassene Papageien angesiedelt und vermehrt. Darunter ist an erster Stelle der Halsbandsittich, dessen Brutbestand bis 2019 auf geschätzte 1700 bis 2500 Paare angestiegen ist. Sie machen sich bei vielen Menschen nicht gerade beliebt, weil sie Obstbäume und Futterstellen plündern und mit schrillen Stimmen Lärm machen. Sie brüten in geräumigen Baumhöhlen, besonders von Platanen, doch machen sie dabei kaum heimischen Arten Konkurrenz. Gegen Abend fallen sie zu Hunderten mit lauten Rufen in bestimmten Baumgruppen ein, die sie als gemeinsame Schlafplätze nutzen. In geringerer Zahl hat sich der etwas größere, aber sehr ähnliche Alexandersittich (s. S. 78) mit annähernd schon tausend Individuen ausgebreitet. In Stuttgart hat sich aus einem freigelassenen Paar von Gelbkopf-Amazonen seit 1985 eine Population von über 40 freilebenden Individuen mit etwa 15 Brutpaaren gebildet. Da sie

Halsbandsittiche leben als Neubürger und Brutvögel in vielen Städten in Mitteleuropa, aus menschlicher Obhut entflogen oder freigelassen und nicht von jedermann geliebt.

sich nicht ausbreiten, werden sie von den Fachleuten nicht als etablierte Neozoen klassifiziert. Biologisch interessant ist, wie sich aus einer minimalen Flaschenhalspopulation in solchen Fällen eine große Population bilden kann, ohne dass Inzuchteffekte entstehen. Möglicherweise sind sie imstande, ihren verengten Genpool eigenständig wieder zu erweitern.

Chancen für die Zukunft

Die aussterbenden Vögel zu retten, dazu bedarf es großräumiger und aufwändiger Maßnahmen. Forst- und Landwirtschaft müssen umgestellt werden und auf ökologische Bedingungen Rücksicht nehmen. Dabei müssen diese Wirtschaftszweige durch die Allgemeinheit gestützt werden.

Doch kann sich auch im Kleinformat im eng begrenzten Mitteleuropa das Handeln des einzelnen Menschen auswirken: „Wenn mehr Grün in Städten, eine kleine Wildnisecke im Hausgarten und mehr Natur in Land- und Forstwirtschaft übrigbleiben, haben auch weitverbreitete Vogelarten, deren Bestände in letzter Zeit merklich abnehmen und denen man mit wenigen Schutzgebieten nicht entscheidend helfen kann, wieder eine Chance“ (Bezzel 2020). Im gleichen Sinne äußert U. Westphal (2019) eine Liebeserklärung an die gefiederten Nachbarn. Häufig genügen schon einfache Maßnahmen: Die Sonnenblumen im Herbst stehen lassen, nicht jede Ecke von Brennnesseln reinigen, etwas Unordnung zulassen. Es gibt eine ganze Anzahl von Büchern, die helfen, einen Garten naturnah und demnach auch dem Naturschutz entsprechend zu gestalten.

Der bekannte Ornithologe Peter Berthold hat einen weitergehenden Vorschlag gemacht: Er fordert für jede Gemeinde ihren Biotop. Er zeigt am Beispiel eines von ihm gestalteten Weihers (Heinz-Sielmann-Weiher), wie es möglich ist, auf kleiner Fläche innerhalb weniger Jahre reiche Natur gedeihen zu lassen. Das kleine Schutzgebiet von wenigen Hektar ist inzwischen in einen Biotopverbund integriert, der einige Hundert Quadratkilometer umfasst. Wie man solchen Naturschutz in die Wege bringt, lässt sich in Bertholds Buch „Unsere Vögel“ nachlesen.

Streuobstwiese an der Schwäbischen Alb: ein Lebensraum für viele Vögel.

Sind die Vögel fit?

Fit zu sein – das ist ein Zustand, den wir Menschen für uns anstreben, beispielsweise durch Sport oder durch Übungen in einem Fitness-Zentrum. In der Biologie nennt man das Kondition – einen gesunden, kraftvollen körperlichen Zustand. In der Biologie und auch in der wissenschaftlichen Ornithologie wird aber unter Fitness etwas ganz anderes verstanden. Der Begriff spielt eine Hauptrolle in dem Forschungsfeld der Soziobiologie, das die genetische Basis des Verhaltens untersucht. Fitness beschreibt den Fortpflanzungserfolg eines Individuums auf genetischer Ebene. Genauer gesagt geht es um die Gene, die das Individuum in die nächste Generation hinüberbringen kann. Dabei spielen die Fortpflanzung und letztlich auch die Kondition als Hilfsmittel eine Rolle. Der Fortpflanzungserfolg zeigt sich an der Anzahl der Nachkommen, und zwar nur derjenigen, die lange genug überleben, um sich selbst wieder fortzupflanzen. Sie tragen die Gene der Eltern weiter. Fitness ist also der genetische Erfolg eines Lebewesens.

Brut der Schwanzmeisen

Schwanzmeisen beschreiten einen besonderen Weg, um ihre Fitness zu steigern. Das Fortpflanzungsgeschehen scheint zunächst ganz normal zu sein, wenn auch aufwändig. Das Nest wird von beiden Partnern über Wochen hin gemeinsam erbaut. Darin werden allein schon als Auspolsterung und zum Wärmen bis zu 2000 gesammelte Vogelfedern eingebracht. Das sackförmige Nest ist außen mit Flechten getarnt. Das Weibchen legt normalerweise 8 bis 12 Eier. Die weitere Arbeit, das 14 Tage lang dauernde Bebrüten des Geleges, liegt dann auch ganz beim Weibchen. Wenn es mal ans Tageslicht kommt, sieht man seinem krumm gebogenen Schwanz an, wie eng es in dem Nest zugeht. Das Weibchen wird während der Bebrütung vom Männchen gefüttert. Das anschließende 14 bis 19 Tage dauernde Hudern und Füttern der Nestlinge obliegt beiden Eltern. Auch nach dem Ausfliegen müssen die Jungen noch weiter versorgt werden. Alles zusammen bedeutet mühevolle Investition in die nächste Generation. Dabei ist das Verlustrisiko während der Brut hoch. Flügge Junge gehen nur aus etwa 20 % der Nester hervor. Rabenvögel, Katzen, Marderartige, Waschbären und Kleinsäuger sind ihre Feinde.

Nun kommt die Besonderheit in der Brutbiologie der Schwanzmeise. Während der Nestlingszeit finden sich am Nest nicht selten zusätzliche Altvögel ein, die nicht wie sonst vertrieben werden, sondern die sich beim Füttern beteiligen. Sie werden Helfer genannt. Es sind oft ein bis zwei Helfer, manchmal auch bis zu acht beobachtet worden. Für das Brutweibchen bedeutet dies, dass es mehr Zeit hat, die Jungen zu wärmen, und weniger Zeit benötigt, um Futter zu beschaffen. Die Jungen haben damit einen guten Start und auch im anschließenden Winter bessere Überlebenschancen: Mit Helfern aufgewachsene überlebten den Winter in einer Stichprobe zu 38 %, ohne Helfer nur zu 22 %. Die Helfer sind meist Individuen, die ihre Brut verloren haben. Da entsteht die Frage: Warum sollten sie dann altruistisch anderswo helfen und dabei Energie, Zeit und Risiko investieren? Wie sich bei der Untersuchung der Verwandtschaftsverhältnisse herausstellte, sind die Helfer meist nahe Verwandte, oft sogar Geschwister des Männchens. Sie investieren damit in die eigene Familie, das heißt indirekt in die eigenen Gene. Sie erreichen damit mehr Fitnessgewinn in der laufenden Saison, als wenn sie untätig blieben. Anders gesagt: Der genetische Nutzen überwiegt die Kosten. Manchmal erwiesen sich die Helfer auch als nicht-verwandt. Dann fand man andere Erklärungen für ihr Verhalten: Sie lernten besser, die optimale Wahl eines Brutplatzes zu treffen oder konnten von der Gruppe im Winter am gemeinsamen Schlafplatz durch gegenseitiges Wärmen profitieren. Helfen ist bei bis zu 60 % der Schwanzmeisenbruten festgestellt worden, soweit sie überhaupt das Nestlingsstadium erreicht hatten. Weltweit ist ein solches Helfertum bei 300 Vogelarten gefunden worden. Unter europäischen Vögeln sind auch Blauelstern und Bienenfresser dafür bekannt. Jugendliche Teichhühner beteiligen sich bei der Aufzucht ihrer Geschwister aus einer späteren Brut ihrer Eltern. Die Grunderkenntnis der Soziobiologie besteht darin, dass das Individuum als Genträger tätig ist und nicht als Artmitglied. Es geht ihm nicht um Arterhaltung, sondern um die Erhaltung und Ausbreitung seiner Genvarianten (Allele). Würden Schwanzmeisen ihre Entscheidungen nur im Sinne der Arterhaltung treffen, so würden sie nicht ihre Verwandten beim Helfen bevorzugen.

Schwanzmeisen sind zarte Vögel von nur 9 Gramm Gewicht. Sie verfügen über ein Helfersystem bei der Aufzucht ihrer Jungen.

Viele Vögel vergrößern ihre Fitness durch Seitensprünge. Die Männchen paaren sich mit fremden Weibchen. Diese ziehen dann mit ihrem sozialen Partner zusammen Junge auf, die gar nicht die Allele ihres Partners tragen. Sie können aber auf eine bessere genetische Ausstattung ihrer Kinder hoffen. Gänseweibchen legen Eier in benachbarte Nester in der Brutkolonie, sodass sie sich das Bebrüten dieser Eier ersparen und trotzdem ihre Fitness vergrößern.

Vogelkunde als Hobby oder Profession

Jemanden einen Vogelgucker zu nennen, das entspricht etwa dem allgemeingültigen Begriff Vogelbeobachter. Vogelfreunde, die sich regelmäßig dem Vogelbeobachten widmen, werden mit einem englischen Begriff als Birder bezeichnet, ihr Tun als Birding oder Birdwatching. Untereinander nennen sich solche Leute auch Ornis. Dieses Hobby des Vogelbeobachtens findet zunehmend Anhänger auf der Welt. Die umgesetzten Mittel für Optik, Zubehör, Kleidung, Literatur und Reisen bilden eigene Wirtschaftszweige. Eine Sonderklasse von Interessenten stellen die Twitcher dar, die ihr Hobby als eine Art Sport betreiben: Sie sammeln begeistert Arten, das heißt sie wollen jede Vogelart einmal gesehen und bestimmt haben. Sie führen Listen für eine Gegend oder Jahreszeit, vielleicht auch eine life list für ihr ganzes Leben. Für eine neue Art, die sie sehen können, nehmen sie unter Umständen viel Aufwand und Kosten in Kauf. Die Amerikanerin Phoebe Snetsinger führte in ihrer Lebensliste am Ende 8400 Vogelarten. Nachdem sie eine Krebserkrankung überstanden hatte, kam sie 1999 bei einem Autounfall auf Madagaskar ums Leben. Es gibt auf der Welt nur wenige Twitcher, die ebenfalls mehr als 8000 Vogelarten gesehen haben.

Der Naturschutzbund Deutschlands (NABU) fordert zweimal im Jahr die Bürger auf, Vögel zu zählen. Dabei soll man einmal im Winter und einmal im Sommer die **Gartenvögel** für eine Stunde lang erfassen und mitteilen, welches die größte Zahl gleichzeitig wahrgenommener Individuen einer Art war. Dieses Verfahren gilt als Teil der Bürgerwissenschaft oder Citizen Science und erfreut sich zunehmender Interessentenzahlen. Am häufigsten wird der Haussperling gesehen und gemeldet, obwohl die Art insgesamt an Häufigkeit abnimmt.

Auch das Modell **Birdrace** hat viel Zulauf erfahren. Kleine Mannschaften von wenigen Personen bemühen sich dabei um die Wette, möglichst viele Vogelarten zu registrieren, die sie während eines Tages wahrgenommen haben. Sie werben auch Spendenmittel von Firmen für jede nachgewiesene Vogelart ein. Diese Spendenmittel kommen dem Naturschutz zugute. Ein frühes Ereignis in Amerika, bei dem auch der berühmte Buchautor Roger Tory Peterson beteiligt war, führte am 19. Mai 1984 zu einem Ergebnis von 201 Arten. Der Ursprung dieses Wettbeobachtens liegt im ersten Christmas Bird Count 1900, als 27 Beobachter teilnahmen. In jüngerer Zeit beteiligen sich dabei am Weihnachtstag in den ganzen USA mehr als 50 000 Beobachter an 2000 verschiedenen Orten. Ähnliche Projekte entstehen weltweit mehr und mehr. Während der alljährlichen Zugvogeltage an der niedersächsischen Wattenmeerküste kämpfen während einer Oktoberwoche einzelne Regionen um möglichst viele nachgewiesene Vogelarten. Während dieses „**Aviathlon**“ wurden 2009 auf den Inseln und an den Küstenorten insgesamt 144 Arten beobachtet, im Jahr 2021 waren es bereits 220 Arten. Die Zunahme der Artenzahlen ist wohl nicht auf eine reichere Vogelwelt, sondern eher auf ansteigende Besucherzahlen und vergrößerte Aufmerksamkeit der Beobachter zurückzuführen.

Das Überwiegen englischsprachiger Bezeichnungen beim Birding hat seine Ursache darin, dass auf den Britischen Inseln und in Amerika das Vogelbeobachten stark verbreitet ist und weltweit als führend angesehen wird. Nach einer amerikanischen Statistik gab es 2001 in den USA bereits 46 Millionen Birder. Das machte dort etwa ein Fünftel der gesamten Anzahl der Erwachsenen aus. In Großbritannien wurden in jüngerer Vergangenheit 2,85 Millionen Birder erfasst, aber die Zahl derjenigen, die in ihren Gärten Vögel füttern, beläuft sich auf 30 Millionen – fast zwei Drittel aller Erwachsenen. Der RSPB (Royal Society for the Protection of Birds) ist die führende Vogelschutzgesellschaft Großbritanniens und zählt gegenwärtig bereits mehr als eine Million Mitglieder. In Deutschland erreicht der NABU (Naturschutzbund) auch schon etwa 800 000 Mitglieder. All das zeigt die Anziehung, die Vögel auf Menschen ausüben können, unabhängig von Ort und Zeit. Roger Tory Peterson, der amerikanische „Erfinder“ des Bestimmungsbuchs für Vögel, hat am Ende eines Aufsatzes gesagt: „Die Wahrheit liegt wohl

Sichtlich guter Laune: das Birdrace-Team Spatzengang aus Karlsruhe.

darin: Vögel können ganz gut ohne uns leben, aber viele unter uns, vielleicht alle, würden das Leben ohne die Vögel für unvollständig, vielleicht für unerträglich halten."

Die zunehmende Zahl von vogelkundlich Interessierten führt auch zu Auswüchsen. Viele Menschen nehmen mit ihrem Handy oder einem anderen Tonaufnahmegerät Vogelstimmen im Freiland auf und nützen sie dann, um den aufgenommenen Vogel anzulocken. Das tun auch „guides", Führer, die professionell eine Gruppe in einem Gebiet mit der Vogelfauna vertraut machen wollen. Sie haben die fertigen Aufnahmen auf ihrem Gerät aus dem Internet übernommen und erledigen damit in aller Eile die erwünschten Arten. Besonders amerikanischen Gruppen sagt man nach, dass sie es eilig haben und die Vogelarten sofort vorgeführt bekommen wollen. Das Anlocken der Vögel mit arteigenem Gesang ist selbstverständlich ein störender Eingriff. Er löst bei den Vögeln in den Territorien Unruhe aus. Das kostet sie Zeit und Energie und bringt ihnen Risiko. In vielen Schutzgebieten ist solches Verhalten verboten. Wer Vögel und Natur schützen will, wird es von sich aus unterlassen. Wer Vogelstimmen im Freiland von der Konserve anhören will, soll sich eines Kopfhörers bedienen.

Wer die Vogelkunde professionell betreibt, entweder beruflich oder als engagierter Laie, den kann man als Ornithologen ansehen. Ein Ornithologe macht Aufzeichnungen über seine Wahrnehmungen, führt planmäßig Untersuchungen durch und veröffentlicht meist auch darüber wissenschaftliche und populäre Arbeiten oder Bücher. Ornithologie ist aber kein Fach, das man regelrecht an einer Hochschule studieren kann. Wer beruflich in der Ornithologie arbeiten will, muss das Fach Biologie studieren.

Literatur

Bairlein, F. (2022): Das große Buch vom Vogelzug – eine umfassende Gesamtdarstellung. Aula, Wiebelsheim.

Bairlein, F., J. Dierschke, V. Dierschke, V. Salewski, O. Geiter, K. Hüppop, U. Köppen & W. Fiedler (2014): Atlas des Vogelzugs. Ringfunde deutscher Brut- und Gastvögel. Aula, Wiebelsheim.

Bauer, H.-G., E. Bezzel & W. Fiedler (2005): Das Kompendium der Vögel Mitteleuropas. 2. Aufl., Bd. 1-3. Aula, Wiebelsheim.

Becker, P.-R. (1993): Werkzeuggebrauch im Tierreich. Hirzel, Stuttgart (neue Auflage 2021).

Bergmann, H.-H. (1987): Die Biologie des Vogels. Aula, Wiesbaden.

Bergmann, H.-H. (1993): Der Buchfink – Neues über einen bekannten Sänger. Aula, Wiesbaden.

Bergmann, H.-H. (2020): Singen mit Kopf und Kragen: Die Instrumentallaute der Vögel. Biologie in unserer Zeit 50 (4): 264-269.

Bergmann, H.-H. & W. Engländer (2019): Die Kosmos-Vogelstimmen-Edition. 220 Vögel, Filme und Stimmen auf 2 DVDs. Franckh-Kosmos, Stuttgart.

Bergmann, H.-H., W. Engländer & V. U. Arkhipov (2001): Zeitaufwand für des Ernten und Verstecken von Kiefernsamen bei Dünnschnäbligen Tannenhähern (*Nucifraga caryocatactes macrorhynchos*) im Fernen Osten Russlands. J. Ornithol. 142: 129-143.

Bergmann, H.-H. & G. Mayr (2015): Aves, Vögel. In: Westheide, W. & G. Rieger (Hrsg.): Spezielle Zoologie, Teil 2: Wirbel- oder Schädeltiere. 3. Aufl. Springer, Berlin.

Bergmann, H.-H. & U. Westphal (2019): Welcher Vogel singt denn da? 3. Aufl., Quelle & Meyer, Wiebelsheim.

Berthold, P. (2017): Unsere Vögel – Warum wir sie brauchen und wie wir sie schützen können. Ullstein, Berlin.

Berthold P. (2021): Das Auerhuhn – ein Urvogel verschwindet. Franckh-Kosmos, Stuttgart.

Berthold, P. & G. Mohr (2017): Vögel füttern – aber richtig. 4. Aufl., Franckh-Kosmos, Stuttgart.

Bezzel, E. (2019): 55 Irrtümer über Vögel. Aula, Wiebelsheim.

Bezzel, E. (2020): Vögel – was Sie schon immer fragen wollten. 222 Antworten für Neugierige. Aula, Wiebelsheim.

Bezzel, E. (2021): Die schönsten Vogelgeschichten aus Brehms Thierleben, ausgewählt und heute erzählt. Aula, Wiebelsheim.

Bezzel, E. & R. Prinzinger (1990): Ornithologie. 2. Aufl., Ulmer, Stuttgart.

Birkhead, T. (2008): The Wisdom of Birds. Bloomsbury, London.

Birkhead, T. (2012): Die Sinne der Vögel oder Wie es ist, ein Vogel zu sein. Springer, Berlin.

Bruderer, B. 2017: Vogelzug – eine schweizerische Perspektive. Orn. Beob., Beiheft 12: 1-264.

Caspers, B. A., J. C. Hagelin, M. Paul, S. Bock, S. Willeke & E. T. Krause (2017): Zebra Finch chicks recognize parental scent, and retain chemosensory knowledge of their genetic mother, even after egg cross-fostering. Scientific Reports 7: 12859.

del Hoyo, J., A. Elliot & D. A. Christie (Hrsg., 2009): Handbook of the Birds of the World, Vol. 14. Lynx Edicions, Barcelona.

Emery, N. (2017): Bird Brain – Vögel mit Köpfchen. National Geographic, München.

Gatter, W. (2000): Vogelzug und Vogelbestände in Mitteleuropa. Aula, Wiebelsheim.

Gonzalez J., H. Düttmann & M. Wink (2009): Phylogenetic relationships based on two mitochondrial genes and hybridization patterns in Anatidae. Journal of Zoology 2009: 1-9.

Grieves, L. A., M. Gilles, I. C. Cuthill, T. Scékely, E. A. MacDougall-Shackleton & B. A. Caspers (2022): Olfactory camouflage and communication in birds. Biological Reviews 2022: 1-17.

Held, M., F. Hölker & B. Jessel (2013): Schutz der Nacht – Lichtverschmutzung, Biodiversität und Nachtlandschaft. BfN-Skripten 336, Bundesamt für Naturschutz, Bonn-Bad Godesberg.

Huber, L. (2021): Das rationale Tier – eine kognitionsbiologische Spurensuche. Suhrkamp, Berlin

Klaus, S. & H.-H. Bergmann (2020): Auerhühner & Co. Aula, Wiebelsheim.

Knapp, H. D., S. Klaus, L. Fähser (Hrsg., 2021): Der Holzweg – Wald im Widerstreit der Interessen. Oekom, München.

Kruckenberg, H., A. Kölzsch, J. H. Mooij & H.-H. Bergmann (2022): Das große Buch der Gänse – Von sozialen Wesen und rastlosen Wanderern. Aula, Wiebelsheim.
Landmann, A. (2021): Die Natur der Alpen. Franckh-Kosmos, Stuttgart.
Lorenz, K. (1988): Hier bin ich – wo bist du? Ethologie der Graugans. Piper, München.
Mikulica, O., T. Grim, K. Schulze-Hagen & B. G. Stokke (2016): The Cuckoo – the uninvited guest. KNNV Uitgiverij, Zeist.
Pepperberg, I. M. (2017): Alex – Der Papagei, der mir zeigte, wie schön das Leben ist. Mvg-Verlag.
Pika, S. & T. Bugnyar (2011): The Use of Referential Gestures in Ravens (*Corvus corax*) in the Wild. Nature Communications 2: 560.
Pika, S., M. J. Sima, C. R. Blum, E. Herrmann & R. Mundry (2020): Ravens parallel great apes in physical and social cognitive skills. Nature Research, Scientific Reports 10, 2020, 20617.
Podulka, S., R. W. Rohrbaugh jr. & R. Bonney (Hrsg., 2004): Handbook of Bird Biology. Cornell Lab. of Ornithology, Ithaca, New York.
Pohlmeyer, K., A. Grauer, E Strauß & C. Zahn (2006): Rabenkrähen- und Elsternfang im Landkreis Leer. Endbericht. Tierärztliche Hochschule Hannover.
Redaktion Der Falke (2020): Neozoen – Gefiederte Neubürger. Sonderheft 2020: 1-64.
Reichholf, J. H. (2009): Rabenschwarze Intelligenz. Herbig, München.
Sauer, B. & P. H. Becker (2021): Seeschwalben-Sommer. Franckh-Kosmos, Stuttgart.
Schäffer, A. & N. Schäffer (2008): Gartenvögel. 2. Aufl., Aula, Wiebelsheim.
Schmid, H., W. Doppler, D. Heynen & M. Rösler (2012): Vogelfreundliches Bauen mit Glas und Licht. Schweizerische Vogelwarte, Sempach.
Schwägerl, C. (Hrsg., 2020): Die Flugbegleiter. Franckh-Kosmos, Stuttgart.
Starck, J. M. & R. E. Ricklefs (Hrsg., 1998): Avian Growth and Development. Oxford Univ. Press, New York.
Stiefel, A. (1976): Ruhe und Schlaf bei Vögeln. Ziemsen, Wittenberg Lutherstadt.
Westphal, U. (2016): Mehr Platz für den Spatz! Pala, Darmstadt.
Westphal, U. (2018): Das große Buch der Gartenvögel. Pala, Darmstadt.
Westphal, U. (2021): Das große Buch der Wintervögel. Aula, Wiebelsheim.
Zahner, V. & N. Wimmer (2019): Spechte & Co.. Aula, Wiebelsheim.
Ziswiler, V. (1976): Die Wirbeltiere, Bd. 2. dtv/Thieme, Stuttgart.

Bestimmungsbücher

Bergmann, H.-H. (2018): Die Federn der Vögel Mitteleuropas. 2. Aufl., Aula, Wiebelsheim.
Bergmann, H.-H. & S. Klaus (2016): Spuren und Zeichen der Vögel Mitteleuropas. Aula, Wiebelsheim.
Bergmann, H.-H. & U. Westphal (2019): Welcher Vogel singt denn da? Einfache Wege zum sicheren Erkennen. 3. Aufl., Quelle & Meyer, Wiebelsheim.
Fiedler, W., H.-J. Fünfstück & W. Nachtigall (2018): Die Vögel Mitteleuropas im Flug bestimmen. Quelle & Meyer, Wiebelsheim.
Fiedler, W. & H.-J. Fünfstück (2021): Die Vögel Mitteleuropas. Quelle & Meyer, Wiebelsheim.
Khil, L. (2021): Handbuch – Vögel beobachten. Franckh-Kosmos, Stuttgart.
Moning, C., T. Griesohn-Pflieger & M. Horn (2022): Grundwissen Vogelbestimmung. 3. Aufl., Quelle & Meyer, Wiebelsheim.
Nottmeyer, K. (2021): Die siehst du – im Wald. Franckh-Kosmos, Stuttgart.
Singer, D. (2019): Was fliegt denn da? Der Fotoband. Mit Filmen von W. Engländer und H.-H. Bergmann. Franckh-Kosmos, Stuttgart.
Svensson, L., K. Mullarney & D. Zetterström (2018): Der Kosmos – Vogelführer. 2. Aufl., Franckh-Kosmos, Stuttgart.
Weiß, F. (2021): Einfach Vögel – 100 Arten ganz leicht erkennen. Franckh-Kosmos, Stuttgart.

Vogelstimmen im Netz

www.xeno-canto.org
www.tierstimmenarchiv.de

Sach- und Artenregister

Bildnachweis

Abbildungen ohne Autorenangabe stammen von H.-H. Bergmann.

Bachmeier, G. 59
Bark, D. 72
Birdrace Team Spatzengang 144
Demuth, S. 80 li, 80 re
Derer, F. 34
Ebert, A. 136
Engländer, W. 77
Engländer, W. & H.-H. Bergmann 42
Ewald, K. 70 o
Ferdinand, J. 118 u
Fünfstück, H.-J. 16, 91, 94, 105, 112 u, 121, 125, 133
Gäth, P. 52
Gelpke, C. 62 li
Hofmann, A. 40 u, 74
Hunt, G. 81
iStock/bpperry 122
Klaus, S. 36, 56, 70 u, 135
Kolleck, M. 53
Kramer, J. 38, 114 u
Lindemann, G. 84
Martin, R. 69
Moning, C. 141
Probst, V. 109
Putze, M. 57
Roy, H. 65, 115
Schäf, M. 21, 35, 56 u, 86, 92, 93, 95 o, 106, 131
Schweiger, H. 117
Wassermann, J. 89
Weiss, I. 55
Weiss, J. 39
wikimedia/B. Spragg 82
Zbinden, N. 66 u li, u Mi
Zieger, G. 63, 111 o

Dank

Frau Dr. Wiltraud Engländer, Salzburg, danke ich für eine kritische Durchsicht des gesamten Manuskripts. Dr. Siegfried Klaus hat freundlicherweise das Kapitel über Vogelschutz gesichtet.

Im Buchtext werden keine Literaturangaben gemacht. Dennoch habe ich aus der Literatur viel profitiert. Ich möchte deshalb einigen wenigen Autoren hier danken, aus deren Werken ich am meisten Gewinn gezogen habe: E. Bezzel, U. N. Glutz von Blotzheim & K. M. Bauer, R. Prinzinger, M. Wink. Die Zitate finden sich im Literaturverzeichnis.

Den Fotografen, die im Bildnachweis genannt werden, danke ich für die zur Verfügung gestellten Bilder. G. Grothe vom Aula-Verlag bin ich für die sorgfältige Redaktion dankbar.

Der Autor

Prof. Dr. Hans-Heiner Bergmann (geb. 1939) hat sich seit seiner Schülerzeit mit Vogelkunde befasst. Er hat schon früh begonnen, Vogelfedern, Vogelstimmen und Vogelfotos zu sammeln und hat mit diesem Material zahlreiche Publikationen vorgelegt. Er hat auch monografische Bücher zum Buchfinken, zu Gänsen und Raufußhühnern verfasst, meist mit Mitautoren. Ein Werk über die Biologie des Vogels (1987) ist ein Vorläufer des vorliegenden Buches, das aber völlig neu bearbeitet und illustriert worden ist. Dem Autor war immer daran gelegen, die wissenschaftlichen Ergebnisse der Ornithologie auch einem größeren Publikum verständlich und vertraut zu machen – auch im Sinn eines Gewinns für den Naturschutz.

Genetics and Genomics of Plants

Edited by Arit Efretuei

Edition 2018

ArclerPress

Published by
Arcler Press LLC
708 3rd Avenue, 6th Floor
New York
NY 10017
United States of America
www.arclerpress.com

ISBN: 978-1-68094-558-4 (Hardback)

Printed in United States of America

Library of Congress Control Number: 2017933129

GENETICS AND GENOMICS OF PLANTS

Edited by
Arit Efretuei

ArclerPress